조선시대의 산학총서

산술관견
(算術管見)

합주 이상혁 지수 보술
(陜州 李尙爀 志叟 補述)
김상미 · 허 민 옮김

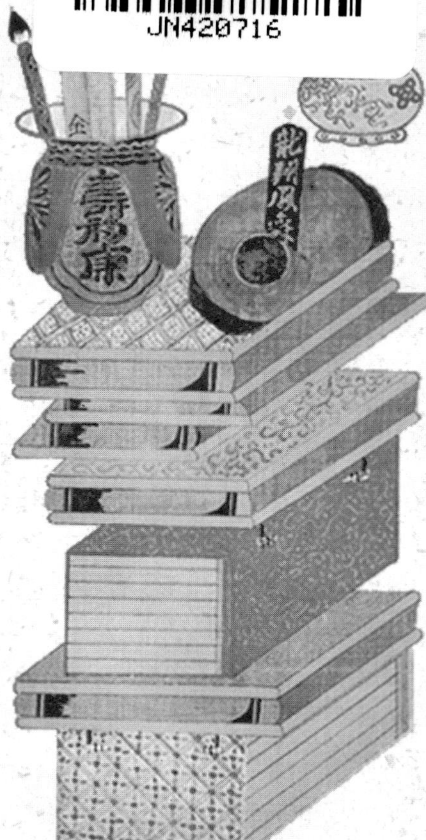

KYOWOO CO. Publishing
教友社

조선 시대의 산학서를 내면서

한국수학사학회에서는 한국학술진흥재단이 지원한 2002년도 기초학문육성지원사업(인문사회분야 국학고전연구)의 일환으로 연구 과제 《조선 시대의 산학서 번역》을 수행했다. 이의 목적은 다음과 같다.

(1) **한국 수학사 연구의 기초 마련** 우리의 전통 수학을 체계적으로 번역하고 현대적인 관점에서 해석한 결과물을 제시함으로써, 이에 대한 연구를 자극하는 촉진제와 연구의 기초를 마련한다.

(2) **고전에 대한 접근 용이성 및 자료 보급** 고전 문헌을 현대어로 번역함으로써, 많은 사람들에게 우리의 전통 수학을 접할 수 있는 기회를 제공한다.

이를 위해 다음과 같은 10종의 산학서를 선택하여 번역했다.

『默思集算法』	천・지・인 3권
『九數略』	건・곤 2권
『九一集』	천・지・인 3권
『算學入門』(『이수신편』21・22권)	2권
『算學本源』(『이수신편』23권)	1권
『算術管見』	1권
『借根方蒙求』	건・곤 1권
『翼算』	상・하편 2권
『測量圖解』	1권
『劉氏句股述要圖解』	1권

한국수학사학회 회장

역자 서문

『산술관견(算術管見)』은 조선말 중인 출신 산학자 이상혁(李尙爀, 1810 ~?)이 쓴 산학서로 크게 다섯 부분으로 이루어져 있다.

첫째 부분은 각등변형습유(角等變形拾遺)이다. 정다각형의 한 변을 알 때 그것의 넓이와 내접원의 지름 및 외접원의 지름을 구한다. 또 거꾸로 넓이를 주고 정다각형의 한 변을 구한다.

둘째 부분은 원용삼방호구(圓容三方互求)이다. 원 안에 한 변의 길이를 알고 합동인 세 개의 정사각형이 있을 때 원의 지름을 구한다. 또 거꾸로 원의 지름을 알고 있을 때 정사각형의 한 변을 구한다.

셋째 부분은 호선구현시(弧線求弦矢)이다. 호의 길이나 각도를 알 때 정현(正弦: $r\sin\theta$)과 정시(正矢: $r-r\cos\theta$)를 구한다.

넷째 부분은 현시구호도(弦矢求弧度)이다. 정현과 정시로 호선(弧線: $r\theta$)과 각도를 구한다.

다섯째 부분은 불분선삼률법해(不分線三率法解)이다. 구면삼각형에서 두 변과 그 사이에 낀 각을 알 때 나머지 두 각을 구한다. 거꾸로 두 각과 그 사이에 낀 변을 알 때 나머지 변을 구한다.

명대(明代) 말부터 서양의 선교사들을 통하여 중국에 서양의 수학적 성과들이 소개되기 시작해서 청대(淸代) 초기에는 번역서와 해설서가 여러 가지 나왔다. 특히 옹정원년(1723)에 출판된 『수리정온(數理精蘊)』은 그 당시의 중국 수학과 서양 수학을 거의 망라하였다. 저자 이상혁은 『수리정온』, 『적수유진(赤水遺珍, 1761)』, 『주인전(疇人傳, 1799)』, 『천보진원(天步眞原)』 등을 통해 서양 수학을 잘 알고 있었던 것으로 보인다. 그래서 구체적인 예를 가지고 문제를 세우고 풀이법을 보여주는 전통적인 동양의 산학서와는 달리, 이 책에서는 매우 추상적이고 일반적인 논의와 증명들이 나온다. 각 부분들은 전체적으로 잘 짜여진 통일성을 추구하고 있어 저자가 설명하려고 하는 내용을 얼마나 잘 이해하고 있는지를 볼 수 있다. 그러나 이에 멈추지 않고 다른 책들에서 사용한 풀이 방법의 한계를 지적할 뿐만 아니라 스스로 더 나은 해법을 제시하고자 한다.

각 부분을 좀더 구체적으로 살펴보자. 우선 첫 번째 부분에서 정다각형의 한 변을 알고 넓이와 내접원의 지름 및 외접원의 지름을 구할 때, 저자는 주로 먼저 정다각형의 대각선을 구한다. 대각선을 구하기 위해서는 비례식을 세우게 되는데, 비례식은 이차나 삼차방정식으로 변환되므로 결국 방정식을 풀어야 한다. 그런데 그 때마다 저자는 방정식을 세우는 과정을 세로, 넓이, 부피 등 기하학의 용어를 써서 별도로 설명한다. 장방적(직사각형의 넓이)이니, 입방적(정육면체의 체적)이니 하는 것은 방정식의 계수가 $a \times b$나 a^3의 형태가 됨을 의미한다. 뒤쪽의 호선구현시나 현시구후도에서는 12차 방정식까지 등장하는데, 그 때는 물론 렴법(廉法)을 써서 계수를 나타낸다. 제1렴은 일차항의 계수, 제2렴은 이차항의 계수와 같은 식이다. 최고차항의 계수는 우법(隅法)이다.

그 다음 눈에 띄는 것은 고현화(빗변과 높이의 합: $a+b$)와 고현교(빗변과 높이의 차이: $a-b$)라는 것인데, 이것도 반드시 글자 그대로의 뜻이라기보다는 $a-b=\dfrac{a^2-b^2}{a+b}$와 같은 대수적인 공식을 사용하기 위한 표현으로 보는 것이 좋을 듯하다.

저자는 『수리정온』에 있는 기존의 방식이 특정한 비례관계가 성립할 때만 구할 수 있는 것에 비해 어떤 정다각형이라도 구할 수 있다고 말하고 있다.

두 번째 부분은 저자 스스로가 밝히고 있듯이 이전에 없던 것을 새로 만들었다. 간단한 계산이어서 특별히 어려운 내용은 없지만 이미 오래 전의 계산방식이던 천원술(天元術)을 사용하고 산대를 이용해 수를 나타내는 것을 보여 준다는 점이 흥미롭다. 천원은 우리가 "한 변을 x라 놓자."로 할 때 x에 해당하는 것으로 볼 수 있다. 아마도 매곡성(梅瑴成)이 『적수유진』에서 옛날의 방식을 재조명한데서 영향을 받지 않았나 싶다.

세 번째 부분은 『적수유진』에 실린 서양 사람 두덕미(Petrus Jartoux)의 설명이 분명하지 않다고 하여 자신이 정현과 정시를 구하는 방법을 체계적으로 정비한다. 정시는 요즘 우리가 쓰는 여섯 가지 삼각함수에는 없는 것이다. 8선이라고 부르는 여덟 가지 중 하나이다. 『적수유진』에 실린 것은 자릿수를 무시하고 계산한 다음에 반지름을 고려하여 뒷자리를 자르는 것에 비해, 반지름과의 관계를 계산 과정 속에 명시적으로 드러내어 정답을 얻을 수 있도록 했다. 계산은 삼각함수의 테일러 급수 전개와 같고, 다만 유효숫자를 예상하여 적당한 선까지 계산한다.

네 번째 부분은 역삼각함수를 구하는 것이 되는데, 위의 급수를 이용해 구한다. 그런데 급수를 이용하면 고차의 방정식을 풀어야 하므로 45° 이내의 것만을 써서 구하고, 정시를 먼저 구해서, 반지름이 천만일 때 4차 방정식까지 풀면 되도록 유도하고 근거를 설명한다. 그것을 위해 일반적인 삼각함수의 성질도 논의한다.

다섯 번째는 부록으로 구면삼각형을 소개한다. 여기서는 다양한 삼각함수의 비례관계들과 만나게 된다. 먼저 평면 삼각형의 비례 관계들을 보여주고, 변과 각이 모두 각도로 표현되는 구면삼각형을 그것을 통해 설명한다.

저자의 서술 방식은 매우 일관되고 명료하게 정리되어 있어서 읽는 데 크게 어려움은 없겠지만, 문(問)-답(答)-술(術)-도해(圖解)로 이루어진 설명 방식은 전통적인 동양 수학에 익숙하지 않은 현대의 독자가 따라가기 어려울 듯하다. 그런 사람은 술과 도해(그림과 설명)를 함께 참조하면서 읽으면 좋을 것이다.

일러두기

이 책은 다음과 같은 사항에 따라 작성하였다.

1. 국역 원본은 다음 책에 수록된『산술관견(算術管見)』이다.

   김용운 편, 한국과학기술자자료대계 수학편 4, 여강출판사, 1985.

   원본은 현재 서울대학교 도서관에 소장되어 있다.

2. 번역은 원문에 충실하게 직역하는 것을 원칙으로 한다.

3. 번역문을 먼저 제시하고 이어 대응하는 원문의 한자어를 모두 제시한다.

4. **이 활자체로 쓰여진 것이 원문 및 그에 해당하는 번역이다.**

5. 각 문(門)은 차례대로 ㊀, ㊁, ㊂, …을 첨부하고, 문제에는 【문의 번호-문제의 번호】순으로 문항 번호를 부여하였다. 예컨대 【1-3】은 첫 번째 문인 '각등변형습유'의 3번째 문제를 의미한다.

6. 원문에서 저자는 작은 활자로 주해를 첨부하였으나, 번역서에서는 편의상 분량이 적고 본문의 연속선상에 있을 때는 [ ] 안에 제시하고 많을 때는 들여쓰기로 했다.

7. 역자의 주해는 본문 중의 '☞ 역자 주: …' 및 각주를 이용하여 제시한다. 전자는 내용과 관련하여 일반적인 설명을 위해, 후자는 원문의 구체적인 부분과 관련하여 부가적인 설명이나 잘못된 내용을 수정하기 위해 사용한다. ( )는 역자의 부연 설명이다.

8. 책이름은『 』로 표시한다.

산술관견 머리말(算術管見序)

수학은 옛적에 성인께서 세상을 다스리시어 이롭게 하는 중요한 방법이다. 신묘하신 우(禹)임금께서는 곡자(矩)[1]를 써서 수평이 이루어졌는지 측량하셨다. 주(周)나라 관리들도 학문을 벌이어 어질고 능력 있는 자를 취하였으니, 공자 문하 70제자 가운데 몸소 육예(六藝)[2]에 통달하지 않은 자가 없었다.

이것들로 보아, 산술은 만사에 실용적인 것이며 선비들을 위해서도 잠시라도 떨어질 수 없는 것이다.

數學往昔聖人所以制世利用之大法也
神禹賴矩以測平成
周官列學以取賢能而孔門七十弟子莫不身通六藝
由此觀之算術爲萬事之實用而爲士者亦不可須臾離者也

『산술관견(算術管見)』은 나[3]의 벗 이 지수(李志叟)[4]가 쓴 것이다.
이 책은 세 종류로 이루어져 있다.
算術管見余友李君志叟所著也
書爲三種

그 첫 번째는 정다각형의 한 변으로 넓이와 그 내접·외접원 지름을 구하는 것과, 넓이가 주어졌을 때 정다각형의 한 변을 구하는 방법이다. 『수리정온(數理精蘊)』[5]은 정해진 비율의 비례를 쓰는 데 그치므로, 이것으로 그 빠진 것을 보완한다.

---

1) 직각 자
2) 예(禮: 예법), 악(樂: 음악), 사(射: 활쏘기), 어(御: 말 몰기), 서(書: 글쓰기), 수(數: 수학)
3) 남병길(南秉吉, 1820～1869) 이조참판·형조판서를 거쳐 철종 13년(1862)에는 의정부 좌참찬(議政府左參贊) 등 역임. 수학·천문학에 능통. 수학서로 『측량도해』, 『구고술도요해』, 『구장술해』 등이 있다.
4) 이상혁(李尙爀, 1810 ～?) 자는 지수(志叟). 중인 출신의 수학자. 『익산(翼算)』, 『차근방몽구(借根方蒙求)』 등의 저서가 있다.
5) 청 강희제(康熙帝) 시대(1662～1722))에 계획되고 옹정(雍正) 원년(1723)에 완성된 음률 역법 수학에 관한 삼부작 『율력연원(律曆淵源)』 중의 수학 분야. 대체로 17세기 이전 동양수학과 서양 수학의 중요 부분이 수록되었다.

其一 以各邊形之每邊求面積及內容外切圜徑與以面積求各等邊形之每邊法而數理精蘊則止用定率比例 故以此補其闕也

두 번째는 원 안에 세 개의 작은 정사각형이 있을 때, 원의 지름과 사각형의 변을 서로 구하는 방법이다. 옛날에 이런 풀이법이 없어서 새로 만든다.
其二 圜內容三小方形以圜徑方邊相求之法而古無其法而刱立也

세 번째는 서양사람 두덕미(杜德美)[6]의 할원(割圜: 원을 자름)[7]과 현시첩술(弦矢捷術: sine, cosine을 구하는 빠른 방법)을 미루어 넓혀서, 현시 정률(定率)을 만들고 또 반대로 현시를 구하고 호를 구하는 방법을 만들었다. 두덕미의 방법은 계산의 근본을 말하지 않아서 『적수유진(赤水遺珍, 1761)』[8]과 『주인전(疇人傳, 1799)』[9] 등의 책에 실려 있는 것 또한 분명치가 않다. 그 때문에 그것을 확충하고 자세히 해서 사람들이 쉽게 알 수 있도록 했다.
其三 以西人杜德美割圜及弦矢捷術推演爲弦矢定率又反求弦矢求弧之術而杜法不言其入算之根 故赤水遺珍及疇人傳等書所載之說亦不分曉是以推以詳之使人易知也

대략 이 세 종류는 이전의 현명한 자들이 아직 밝히지 못한 내용을 실로 새로이 만들어낸 것이다.
우리나라 사람인 나는 산학(算學)에 어두우니 어찌 더불어 논의할 수 있겠는가? 그러나 비록 왕매강대(王梅江戴)[10]처럼 중국의 정통한 사람일지라도 그것을 보면 반드시 그 심조(深造)함과 정예(精詣)함에 탄복할 것이다.
蓋此三種實創前賢所未發之旨

---

6) 두덕미(杜德美: Petrus Jartoux)프랑스 출신의 예수회 선교사. 무한급수에 관한 공식을 중국에 전함. 『강희지도(康熙地圖)』, 『주경밀률(周徑密率)』, 『구정현시첩법(求正弦矢捷法)』 등의 저술이 있다.
7) 三호선구현시의 주 2) 참조.
8) 매곡성(梅瑴成, 1681~1763) 지음.
9) 완원(阮元) 지음. 중국 청대 유학자의 입장에서 엮은 수학자, 천문학자 열전.
10) 왕매강대(王梅江戴)는 네 명의 중국 수학자를 지칭하는 것 같으나 정확히 누구인지는 알 수 없다. 王은 왕순(王恂, 1235~1281), 梅는 매문정(梅文鼎, 1633~1721)이나 매곡성(梅瑴成, 1681~1763), 戴는 대진(戴震, 1724~1777)인 듯하다.

我東昧於算學何足與論 而雖中國之精通如王梅江戴者見之必服其深造而精詣也

이군(李君)의 대범한 지혜와 월등하게 뛰어남은 모든 것을 주의해서 보고 반드시 그 원천을 탐구한 이후 그치니, 진실로 역산(曆算: 천문수학)에 천부적인 재능이 있어서 이처럼 깊은 깨달음이 있는 것이다.
그러나 세상에 그것을 아는 자가 없고 혹시 그것을 아는 자가 있더라도 그것이 귀한지를 모르니 매우 애석할 뿐이다.
李君簡慧卓犖凡所寓目必究其源而後已而其於曆算實有天分焉
故其妙悟如此也
然世無有知之者而雖或有知之亦不知其爲貴也甚惜也已

무릇 다함이 없는 것이 수(數)이고, 지극히 미묘한 것이 수이다.
천하의 지극히 고요하고 드문 재능이 아니면 어찌 공을 세우고 연구하고 민첩하고 슬기롭게 깊이 밝히어 사람들의 지혜와 사려를 키우고 경계를 바르게 할 수 있겠는가?
夫難窮者數也 至微者數也
非天下之至靜鮮能焉 苟能力功硏究慧悟濬發令人長智慮而正界境

근세의 사대부들은 모두 종횡의 계산(산대 쥐는 것)을 부끄러워한다. 그것을 하찮게 여기는지 할 수 없는 것인지 모르겠다.
나와 이군은 이 책을 매우 귀하게 여기고, 마침내 찍어서 배포함으로써 동지임을 밝힌다.
을묘년[11] 초겨울[12] 의춘(宜春) 남원상(南元裳)[13]이 머리말을 쓰다.
近世士大夫擧皆耻握縱横之算 其或少之歟抑亦不能歟未可知也
余與李君善甚珍是書遂印而布之以公同志焉
乙卯孟冬宜春南元裳序

11) 철종 6년 1855
12) 음력 10월
13) 남상길의 자(字)

산술관견 목록(算術管見目錄)

1) 여기서 호도는 호의 각도를 의미한다.

산술관견(算術管見)

합주(陜州) 이상혁(李尙爀) 지수(志叟) 보완하여 지음
陜州李尙爀志叟甫述

一 각등변형습유(各等邊形拾遺)

『수리정온(數理精蘊)』을 보면 원을 자르는 방법(割圜法)이 갖추어져 있으나, 각 변으로 넓이와 내접·외접원의 지름을 구하고 넓이로 변을 구하는 방법에서 단지 정해진 비율의 비례만을 쓰고 있다. 자세함이 모자라는 것 같아 여기서 예를 들어 설명한다.

按數理精蘊割圜之法備矣而至於以各邊求積及内函外切圓徑與以積求邊之法只用定率比例 恐似欠詳故玆用設例焉

[1-1] 정삼각형의 한 변이 12척이라고 하자.

문제 **넓이와 내접·외접원의 지름은 얼마인가?**

해답 **넓이 62척35촌38분 조금 넘음**

내접원의 지름 6척9촌2분8리2호 조금 넘음

외접원의 지름 13척8촌5분6리4호 조금 넘음

設三等邊形[1]每邊十二尺

問 面積及内函外切圓徑各幾何

答曰 面積 六十二尺三十五寸三十八分强[2]

内函圓徑 六尺九寸二分八釐二毫强

外切圓徑 十三尺八寸五分六釐四毫强

---

1) 삼등변형은 세 변이 같은 삼각형이므로 곧 정삼각형이다. 일반적으로 'n등변형'은 '정n각형'이다.

2) 强(강)은 조금 넘는다는 뜻이다.

풀이[3]

한 변을 빗변[4]으로 삼고, 한 변 절반을 밑변으로 해서, 높이〔10척3촌9분2리3호0사4홀8미4섬 조금 넘음〕를 구해서 얻으면 곧 중수선[5] 이다. 1

이것에 한 변을 곱해서 반으로 나누면 넓이다. 2

중수선에 2를 곱하고 3으로 나누면 내접원의 지름이다. 3

이제 이것을 두 배하면 외접원의 지름이다. 4

術曰

以每邊爲弦 每邊折半爲勾 求得股〔十尺零三寸九分二釐三毫零四忽八微四纖强〕

卽中垂線也

仍與每邊相乘 折半爲面積也

將中垂線二因三歸[6]爲內函圓徑

仍倍之爲外切圓徑也

☞ **역자 주**: 풀이에 표시한 각 과정을 현재의 기호로 나타내면 다음과 같다.

1 $\text{높이} = \sqrt{\text{빗변}^2 - \text{밑변}^2} = \sqrt{\text{한 변}^2 - \left(\frac{\text{한 변}}{2}\right)^2}$

$= \sqrt{12^2 - 6^2} = \sqrt{144 - 36} = \sqrt{108}$

$= 10.39230484$ 조금 넘음[7] : 중수선

2 $\text{중수선} \times \text{한 변} \times \frac{1}{2} = \text{정삼각형 넓이}$,

$10.39230484 \times 12 \times \frac{1}{2} = 62.3538$ 조금 넘음

3 $\text{중수선} \times \frac{2}{3} = \text{내접원의 지름}$,

$10.39230484 \times \frac{2}{3} = 6.9282$ 조금 넘음

---

3) 풀이는 개요만을 적은 것이므로 아래의 도형그림과 함께 나오는 해설과 동시에 읽으면 이해하기 쉬울 것이다.

4) 직각삼각형을 구고형(勾股形)이라 한다. 구(勾)는 밑변, 고(股)는 높이, 현(弦)은 빗변에 해당한다.

5) 삼각형의 꼭지점에서 밑변에 내린 수선

6) 인(因)은 곱셈의 일종이고 귀(歸)는 나눗셈의 일종이다. '2인3귀'는 2를 곱하고 3으로 나누는 것과 같다.

7) 10.39230485에 더 가깝다. 그러나 답을 소수점아래 넷째 자리까지 구하므로 무시할 수 있는 오차이다.

[4] 내접원의 지름×2=외접원의 지름

$10.39230484 \times \frac{2}{3} \times 2 = 13.8564$ 조금 넘음

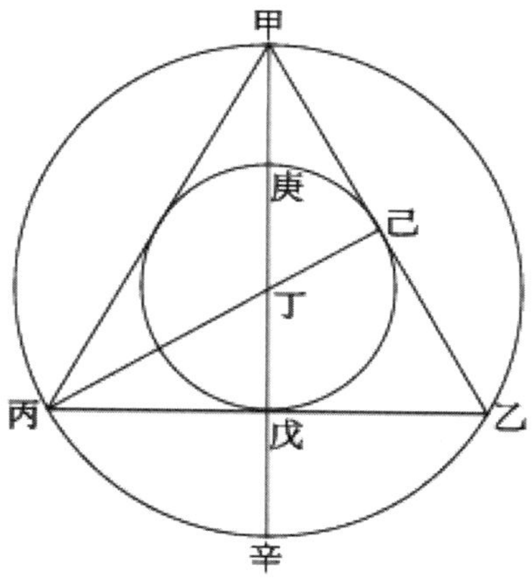

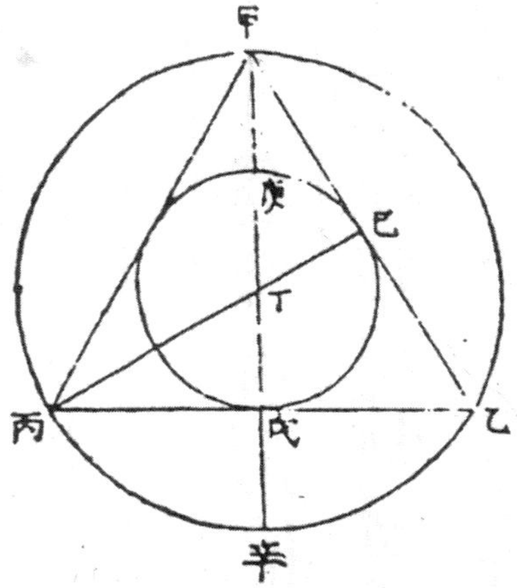

그림과 같은 정삼각형 갑을병(甲乙丙) 에서 변 갑을(甲乙)을 빗변으로 하고, 한 변을 반으로 나누어 얻은 을무(乙戊)를 밑변으로 해서 높이 갑무(甲戊) 를 얻으면 중수선이 된다.[5]

如甲乙丙三等邊形 以甲乙每邊爲弦 每邊折半得乙戊爲勾
求得甲戊股爲中垂線

(중수선을) 변 을병(乙丙)과 서로 곱해서 반으로 나누면 삼각형 갑을병(甲乙丙)의 넓이가 된다.[6]

與乙丙每邊相乘 折半爲甲乙丙形之面積也

또 중수선 병기(丙己)를 그려서, 중수선 갑무(甲戊)와 정(丁)에서 교차하면, 정(丁)은 삼각형 갑을병(甲乙丙)의 중심이 되고 또 내접·외접원의 중심이 된다.

又作丙己中垂線 與甲戊中垂線交於丁
則丁爲甲乙丙形之中心 亦爲內函外切圓之中心

이 정기(丁己) 또는 정무(丁戊)는 내접원의 반지름이다.[7]
정갑(丁甲) 또는 정신(丁辛)은 외접원의 반지름이다.[8]

是丁己或丁戊爲內函圓之半徑
丁甲或丁辛爲外切圓之半徑

그런데 직각삼각형 갑기정(甲己丁)은 직각삼각형 갑무을(甲戊乙)과 각 갑(甲)이 공통이고 또 각각은 직각이 있으므로, 세 각이 모두 같아서 닮은꼴이다.[9]
而甲己丁勾股形與甲戊乙勾股形共用一甲角 且各有直角
則必三角俱等 爲同式形

따라서 을무(乙戊)는 이미 갑을(甲乙)의 반이고 기정(己丁)은 또한 갑정(甲丁)의 반이다.[10]
故乙戊旣爲甲乙之半 而己丁亦爲甲丁之半

이 때문에 내접원의 반지름 정무(丁戊)는 중수선 갑무(甲戊)의 3분의 1이고, 내접원의 지름 경무(庚戊)는 갑무(甲戊)의 3분의 2이다.[11]
是故丁戊内函圓半徑爲甲戊中垂線三分之一
而庚戊内函圓全徑爲甲戊三分之二也

외접원의 반지름 갑정(甲丁)은 중수선 갑무(甲戊)의 3분의 2이고, 외접원의 지름 갑신(甲辛)은 갑무(甲戊)의 3분의 4다.[12]
甲丁外切圓半徑爲甲戊中垂線三分之二
而甲辛外切圓全徑爲甲戊三分之四也

☞ **역자 주** : 위의 풀이에 표시한 각 계산 과정을 현재의 기호로 나타내면 다음과 같다.

[5] $甲戊=\sqrt{甲乙^2-乙戊^2}$
$=\sqrt{12^2-6^2}=10.39230484$ 조금 넘음 : 중수선

[6] $甲戊\times乙丙\times\frac{1}{2}=甲乙丙$ 넓이
$=10.39230484\times12\times\frac{1}{2}$
$=62.3538$ 조금 넘음

[7] 丁己＝丁戊＝내접원의 반지름

[8] 丁甲＝丁辛＝외접원의 반지름

9 △甲己丁∽△甲戊乙

10 $乙戊=\frac{1}{2}甲乙$, $己丁=\frac{1}{2}甲丁$

11 $丁戊(내접원의 반지름)=甲戊\times\frac{1}{3}$,

$庚戊(내접원의 지름)=甲戊\times\frac{2}{3}$

$=10.39230484\times\frac{2}{3}=6.9282$ 조금 넘음

12 $甲丁(외접원의 반지름)=甲戊\times\frac{2}{3}$,

$甲辛(외접원의 지름)=甲戊\times\frac{4}{3}$

$=10.39230484\times\frac{4}{3}=13.8564$ 조금 넘음

〔1-2〕 정사각형의 한 변이 12척이라고 하자.

문제 **넓이와 내접·외접원의 지름은 얼마인가?**

해답 **넓이 144척**

내접원의 지름 12척

외접원의 지름 16척9촌7분0리6호 조금 모자람

設四等邊形每邊十二尺

問 面積及內函外切圓徑各幾何

答曰 面積 一百四十四尺

內函圓徑 十二尺

外切圓徑 十六尺九寸七分零六毫弱8)

풀이

한 변의 제곱이 넓이다.1

한 변은 곧 내접원의 지름이다.2

한 변을 밑변으로 하고 또 높이로 해서 빗변을 구하면 외접원의 지름이다.3

8) 弱(약)은 조금 모자람을 의미한다.

術曰
以每邊自乘爲面積也
每邊卽內函圓徑
而每邊爲勾 亦爲股求 得弦爲外切圓徑也

☞ **역자 주 :** 풀이에 표시한 각 과정을 현재의 기호로 나타내면 다음과 같다.

[1] 한 변×한 변＝정사각형 넓이
＝12×12＝144

[2] 한 변＝12＝내접원의 지름

[3] 빗변＝외접원의 지름
$=\sqrt{높이^2+밑변^2}=\sqrt{12^2+12^2}=\sqrt{288}$
＝16.9706 조금 모자람

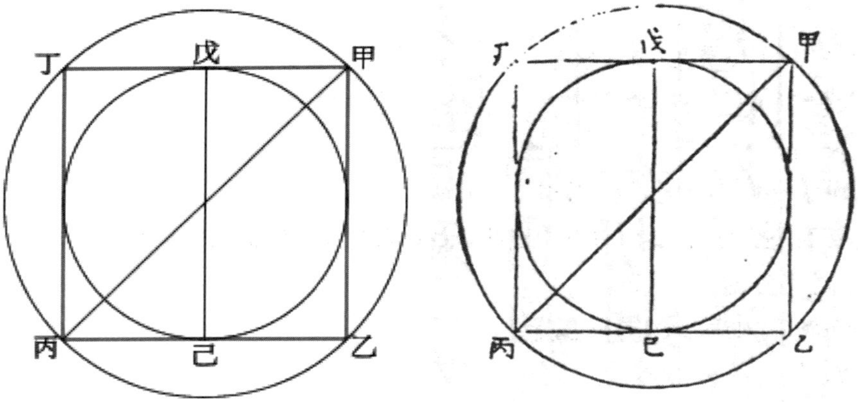

사등변형은 곧 정사각형이다.
그림과 같은 정사각형 갑을병정(甲乙丙丁)에서 변 갑을(甲乙)과 변 을병(乙丙)을 서로 곱하면 갑을병정(甲乙丙丁)의 넓이가 된다.[4]
四等邊形卽正方形9)也
如甲乙丙丁正方形 以甲乙每邊與乙丙每邊相乘 爲甲乙丙丁形之面積也

내접원의 지름 무기(戊己)는 변 갑을(甲乙) 또는 변 정병(丁丙)과 서

9) '정방형'은 정사각형을 뜻한다.

로 평행이고, 두 평행선 갑정(甲丁)과 을병(乙丙) 안에 서 있어서 그 길이가 반드시 같다.[5]
戊己內函圓徑與甲乙或丁丙每邊互相平行 而立於甲丁乙丙二平行線之內
則其度必等也

변 갑을(甲乙)을 밑변으로 하고 변 을병(乙丙)을 높이라 해서 빗변 갑병(甲丙)을 구하면, 정사각형의 대각선이 되고 또 외접원의 지름이 된다.[6]
甲乙每邊爲勾 乙丙每邊爲股 求得甲丙弦
則爲正方形對角斜線 而亦爲外切圓徑也.

☞ **역자 주:** 위의 풀이에 표시한 각 계산 과정을 현재의 기호로 나타내면 다음과 같다.

[4] 甲乙×乙丙＝甲乙丙丁 넓이
＝12×12＝144

[5] 戊己(내접원의 지름)＝甲乙＝丁丙＝12

[6] 甲丙(외접원의 지름)$= \sqrt{甲乙^2 + 乙丙^2}$
$= \sqrt{12^2 + 12^2} = \sqrt{288} = 16.9706$ 조금 모자람

〔1-3〕 정오각형의 한 변이 12척이라고 하자.

문제 넓이와 내접·외접원의 지름은 얼마인가?

해답 넓이 247척74촌87분 조금 넘음
내접원의 지름 16척5촌1분6리6호 조금 모자람
외접원의 지름 20척4촌1분5리6호 조금 넘음

設五等邊形每邊十二尺
問 面積及內函外切圓徑各幾何
答曰 面積 二百四十七尺七十四寸寸八十七分强
內函圓徑 十六尺五寸一分六釐六毫弱
外切圓徑 二十尺四寸一分五釐六毫强

풀이

연비례삼률(連比例三率)[10]과 중률이 있을 때 중률과 말률을 서로 더한 것이 수율과 같아지는 수율과 말률을 구하는 방법을 쓴다.[1]
術曰
用連比例三率 有中率求首末率使中末率相加與首率等之法

한 변을 중률로 하여 제곱하면 장방적[11](직사각형의 넓이)이 되고, 한 변은 장활교(가로와 세로의 차이)가 된다.[2]
이차방정식을 써서 풀면 가로〔19척4촌1분6리4호0사7홀8미6섬 조금 넘음〕를 얻는데 이것이 연비례의 수율이다.[3]
以每邊爲中率自乘爲長方積 以每邊爲長闊較
用帶縱平方法[12]開之 得長〔十九尺四寸一分六釐四毫零七忽八微六纖强〕爲連比例之首率

연비례삼률에서 중률의 제곱은 수율과 말률을 서로 곱한 것과 같다. 따라서 중률의 제곱은 수율과 말률을 서로 곱해 생긴 장방적(직사각형 넓이)이 된다.[4]
凡連比例三率 中率自乘數與首末率相乘數等
故以中率自乘爲首末率相乘之長方積

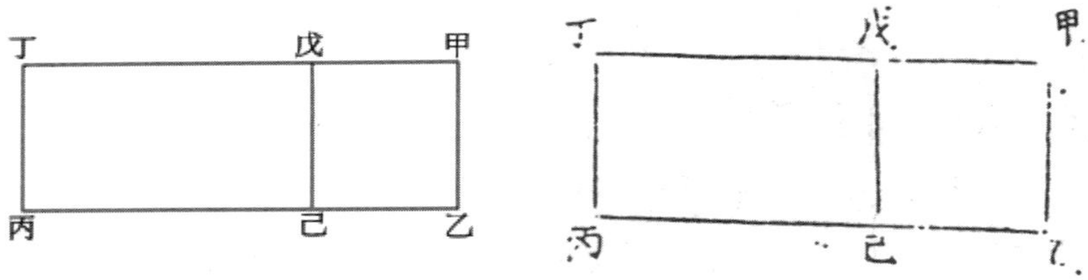

그림과 같은 직사각형 갑을병정(甲乙丙丁)에서, 그 가로 갑정(甲丁)이 수율이고, 그 세로 갑을(甲乙)이 말률이다. 그런데 수율은 중률과 말률을 서로 더한 수였으므로, 장활교(가로와 세로의 차이) 무정(戊丁)은

10) 연비례삼률은 연속적인 세 개의 비례관계를 말한다. 즉 a(수율) : b(중율) = b(중율) : c(말률). 여기서는 대각선 : 한 변 = 한 변 : 대각선-한 변이다. 뒤의 정오각형그림 [13]에 나와있다.
11) 이것은 이차방정식의 의미를 기하적으로 이해하는 방식이다. 장방적이나 장활교는 이차방정식의 계수가 된다.

12) 대종평방법(帶縱平方法)은 이차방정식을 뜻한다.

중률이다.[5]
則如甲乙丙丁長方面 其長甲丁卽首率 其濶甲乙卽末率
而首率旣爲中末率相倂數 則戊丁長濶較卽中率也

곧 정오각형의 대각선이다.[6]
卽五等邊形之對角線也

이것을 빗변으로 삼고 한 변 절반을 밑변으로 해서, 높이〔18척4촌6분6리1호0사1홀2미2섬〕를 구하면 마주보는 각에서 변에 이르는 수선이 된다.[7]
이에 이것은 고현화[13](股弦和: 높이와 빗변의 합)가 되고, 한 변 절반을 밑변으로 삼아 고현교(股弦較: 높이와 빗변의 차이)를 구한다.[8]
고현화에서 (고현교를) 빼면 내접원의 지름이고 더하면 외접원의 지름이다.[9]
또 내접원의 반지름과 한 변을 서로 곱해서 반으로 나누어 얻은 수를 다섯 배하면 넓이이다.[10]
以爲弦 每邊折半爲勾 求得股〔十八尺四寸六分六釐一毫零一忽二微二纖强〕爲對角至一邊垂線
仍爲股弦和 每邊折半爲勾 求得股弦較
以減於股弦和 餘爲內函圓徑 以加於股弦和 爲外切圓徑也
且以內函圓半徑與每邊相乘折半 得數五因之爲面積也

☞ **역자 주 :** 풀이에 표시한 각 과정을 현재의 기호로 나타내면 다음과 같다.

[1] 수율 : 중률 = 중률 : 말률,
수율 = 중률 + 말률

[2] 한 변 = 중률 = 12,
한 변^2 = 중률^2 = 12^2
= 수율(가로) × 말률(세로) : 장방적(직사각형 넓이)
한 변 = 중률 = 12
= 수율(가로) − 말률(세로) : 장활교(가로와 세로의 차이)

[3] 가로 × 세로 = 12^2 = 144, 가로 − 세로 = 12,
가로^2 − 12가로 = 144

---

13) 이것은 뒤에 나오는 작은 직각삼각형 경신정(庚申丁)의 고현화를 의미한다.

∴ 가로＝19.41640786 조금 넘음

4 중률^2＝수율(가로)×말률(세로) : 장방적

5 甲丁＝수율(가로), 甲乙＝말률(세로),
戊丁＝수율(가로)－말률(세로)＝장활교＝중률

6 수율＝정오각형의 대각선＝19.41640786 조금 넘음

7 $\text{높이}=\sqrt{\text{대각선}^2-\left(\frac{\text{한 변}}{2}\right)^2}=\sqrt{(19.41640786)^2-6^2}$
$=18.46610122$＝수선

8 수선＝18.46610122 조금 넘음 : 고현화,

$\text{고현교}(=\text{빗변}-\text{높이})=\frac{\text{밑변}^2}{\text{고현화}(=\text{빗변}+\text{높이})}$

$=\frac{6^2}{18.46610122}\fallingdotseq 1.949518178$

9 고현화－고현교≒18.46610122－1.949518178＝16.51658304
＝16.5166 조금 모자람＝내접원의 지름,
고현화＋고현교≒18.46610122＋1.949518178＝20.4156194
＝20.4156 조금 넘음＝외접원의 지름

10 내접원의 반지름×한 변× $\frac{1}{2}$ ×5＝정오각형의 넓이,

$8.25829152\times 12\times \frac{1}{2}\times 5=247.7487456$

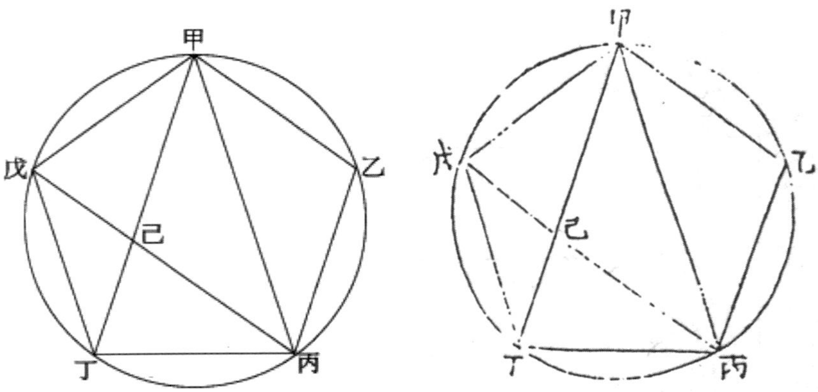

그림과 같은 정오각형 갑을병정무(甲乙丙丁戊)이 있다.
세 선 갑병(甲丙) 갑정(甲丁) 병무(丙戊)를 그으면 모두 대각선이 된다.
如甲乙丙丁戊 五等邊形
作甲丙甲丁丙戊三線 則俱爲對角線

그런데 삼각형 갑병정(甲丙丁)과 삼각형 병정기(丙丁己)는 각 정(丁)을 공통으로 갖는다.
또 각 병갑정(丙甲丁)이 마주보는 호 병정(丙丁)과 각 정병기(丁丙己)가 마주보는 호 정무(丁戊)가 같으므로 각도는 반드시 같다.[11]
두 삼각형의 두 각들이 이미 같으므로, 그 나머지 한 각도 반드시 서로 같아서 닮은꼴이다.[12]
而其甲丙丁三角形與丙丁己三角形共用一丁角
且丙甲丁角所對丙丁弧與丁丙己角所對丁戊弧等 則角度必等
兩形之各二角旣等 則其餘一角必俱相等 而爲同式形

따라서 대각선 갑정(甲丁)과 변 병정(丙丁)의 비는 변 병정(丙丁)과 정기(丁己)의 비와 같다.[13]
그래서 연비례삼률이 된다.
故甲丁對角線與丙丁每邊之比同於丙丁每邊與丁己之比
而爲連比例三率

또 대각선 갑정(甲丁)에서 선분 기정(己丁)을 빼고 남은 선분 갑기(甲己)는 변 을병(乙丙)과 평행이고, 두 평행선 갑을(甲乙)과 병기(丙己) 안에 서 있어서 그 길이는 반드시 같다.[14]
且甲丁對角線內減去己丁線 餘甲己線與乙丙邊平行
而立於甲乙丙己二平行線之內 則其度必等

이 수율 갑정(甲丁)은 중률 갑기(甲己)와 말률 기정(己丁)을 서로 더한 수와 같다.[15]
是甲丁首率與甲己中率及己丁末率相併之數等也

따라서 연비례삼률과 중률이 있을 때 중률과 말률을 서로 더한 것이 수율과 같아지는 수율과 말률을 구하는 방법을 써서 대각선 갑정(甲丁)을 얻는다.[16]

故用連比例三率 有中率求首末率使中末率相加與首率等之法
得甲丁對角線

이에 이것을 빗변으로 하고, 한 변의 절반 정신(丁辛)을 밑변으로 해서 높이 갑신(甲辛)을 구하면, 마주보는 각에서 변에 이르는 수선이 된다.[17]
仍爲弦 每邊切半 得丁辛爲勾 求得甲辛股 爲對角至一邊垂線

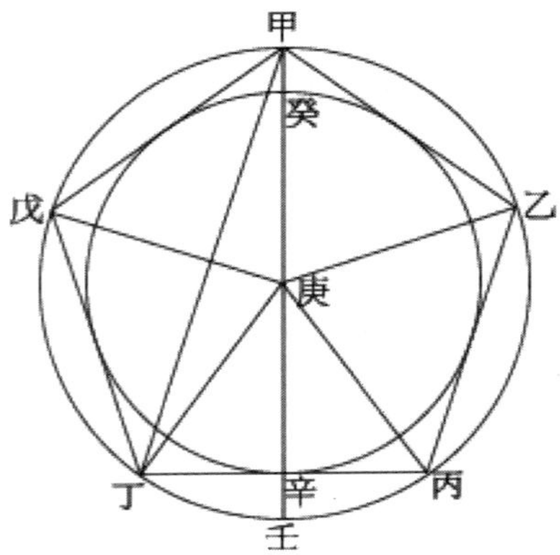

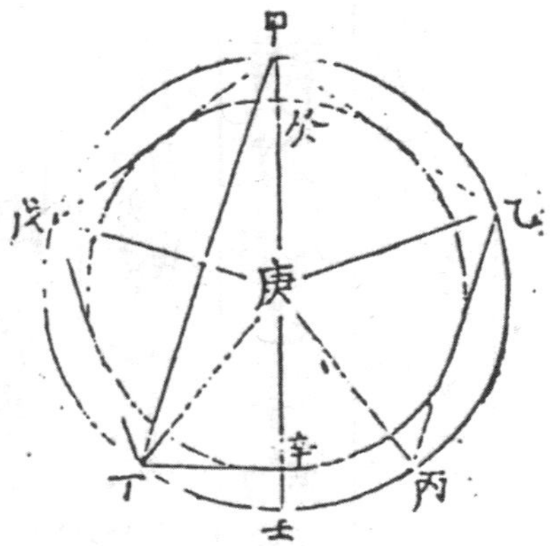

이제 중심으로부터 다섯 개의 각을 나누는 선 경갑(庚甲), 경을(庚乙), 경병(庚丙), 경정(庚丁), 경무(庚戊)를 그리면, 모두 외접원의 반지름이 되고, 정오각형은 나누어져 다섯 개의 삼각형이 된다.
乃自中心作庚甲庚乙庚丙庚丁庚戊五分角線
則俱爲外切圓之半徑 而分五等邊形爲五三角形

직각삼각형 경신정(庚辛丁)을 보면 선분 갑신(甲辛)은 높이 경신(庚辛)과 빗변 경정(庚丁)을 더한 것이고 신임(辛壬)은 높이와 빗변의 차이다.[18]
以庚辛丁句股形觀之 則甲辛線爲庚辛股與庚丁弦之和 而辛壬爲股弦較

따라서 고현교 신임(辛壬)을 얻어서 선분 갑신(甲辛)에 더해주면 선분 갑임(甲壬)을 얻으니 외접원의 지름이다.[19]
故求得辛壬股弦較 以加於甲辛線 得甲壬線爲外切圓徑也

선분 갑신(甲辛)에서 신임(辛壬)과 길이가 같은 갑계(甲癸)를 빼고 남은 선분 계신(癸辛)은 내접원의 지름이 된다.[20]
甲辛線內減去與辛壬相等之甲癸 則餘癸辛線爲內函圓徑也

또 내접원의 반지름 경신(庚辛)은 곧 삼각형 경병정(庚丙丁)의 중수선이다.
따라서 변 병정(丙丁)과 서로 곱해서 반으로 나누면 삼각형 경병정(庚丙丁)의 넓이를 얻는다.[21]
且庚辛內函圓半徑 卽庚丙丁三角形之中垂線
故與丙丁每邊相乘折半 得庚丙丁三角形面積

그것을 다섯 배하면 다섯 개의 삼각형의 전체 넓이, 즉 정오각형의 넓이다.[22]
五因之 則爲五三角形之摠積 亦卽五等邊形之面積也

☞ **역자 주 :** 위의 풀이에 표시한 각 계산 과정을 현재의 기호로 나타내면 다음과 같다.

[11] 호丙丁＝호丁戊,
∴ ∠丙甲丁＝∠丁丙己

[12] △甲丙丁∽△丙丁己

[13] 甲丁 : 丙丁＝丙丁 : 丁己

[14] 甲己＝乙丙＝12

[15] 甲丁(수율)＝甲己(중률)＋己丁(말률)

[16] 甲丁 : 丙丁＝丙丁 : 丁己,　甲丁(수율)＝甲己(중률)＋己丁(말률),
丙丁^2＝甲丁×丁己,　12^2＝甲丁×丁己,
甲丁＝12＋己丁,　甲丁^2－12甲丁＝144,
∴ 甲丁＝19.41640786 조금 넘음

[17] 甲辛＝$\sqrt{\text{甲丁}^2-\text{丁辛}^2}=\sqrt{(19.41640786)^2-6^2}=18.46610122$: 수선

[18] 甲辛＝庚丁＋庚辛＝고현화,
辛壬＝庚丁－庚辛＝고현교

⑲ 辛壬(고현교=빗변−높이)= $\frac{\text{밑변}^2}{\text{고현화}(=\text{빗변}+\text{높이})}=\frac{\text{辛丁}^2}{\text{甲辛}}$

$=\frac{6^2}{18.46610122}\fallingdotseq 1.949518178$,

고현화+고현교=甲辛+辛壬=甲壬

≒18.46610122+1.949518178=20.4156194=외접원의 지름

⑳ 고현화−고현교=甲辛−辛壬=甲辛−甲癸=癸辛

≒18.46610122−1.949518178=16.51658304=내접원의 지름

㉑ 庚辛×丙丁× $\frac{1}{2}$ =庚丙丁 넓이,

8.25829152×12× $\frac{1}{2}$ =49.54974912

㉒ 8.25829152×12× $\frac{1}{2}$ ×5=247.7487456=정오각형의 넓이

〔1-4〕 정육각형의 한 변이 12척이라고 하자.

문제 넓이와 내접원·외접원의 지름은 얼마인가?

해답 넓이　　　　　　374척12촌30분 조금 모자람

**　　내접원의 지름　20척7촌8분4리6호 조금 넘음**

**　　외접원의 지름　24척**

設六等邊形每邊十二尺

問　面積及內函外切圓徑各幾何

答曰 面積　　三百七十四尺十二寸三十分弱

　　內函圓徑 二十尺七寸八分四氂六毫强

　　外切圓徑 二十四尺

풀이

한 변을 두 배하면 외접원의 지름이다.[1]

한 변을 빗변으로 하고 한 변의 절반을 밑변으로 해서, 높이를 구하고 그것을 두 배하면 내접원의 지름이다.[2]

또 내접원의 반지름과 한 변을 서로 곱하고 그것을 반으로 나누어 얻은 수에 6을 곱하면 넓이가 된다.[3]

術曰
每邊倍之爲外切圓徑也
每邊爲弦 每邊折半爲勾 求得股 倍之爲內函圓徑也
且以內函圓半徑與每邊相乘折半 得數六因之爲面積也

☞ **역자 주:** 풀이에 표시한 각 과정을 현재의 기호로 나타내면 다음과 같다.

① 한 변×2=12×2=24=외접원의 지름

② 높이 $=\sqrt{\text{빗변}^2-\text{밑변}^2}=\sqrt{\text{한변}^2-(\frac{\text{한 변}}{2})^2}$
$=\sqrt{12^2-6^2}=\sqrt{108}\fallingdotseq 10.39230485$,
높이×2=20.78460969≒20.7846 조금 넘음=내접원의 지름

③ 내접원의 반지름×한 변× $\frac{1}{2}$ ×6=정육각형의 넓이,

$10.39230485\times 12\times\frac{1}{2}\times 6=374.1229744=374.1230$ 조금 모자람

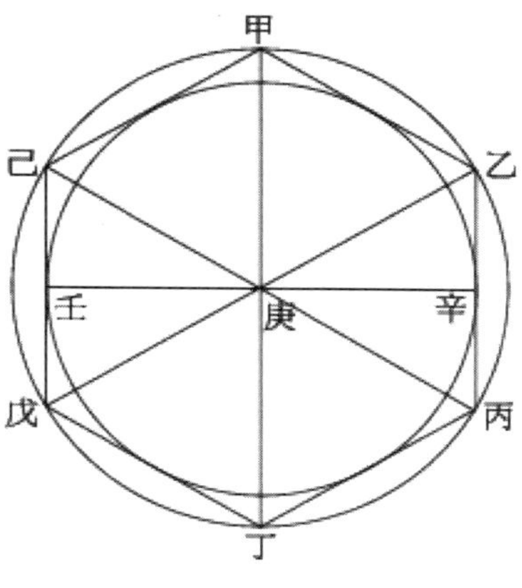

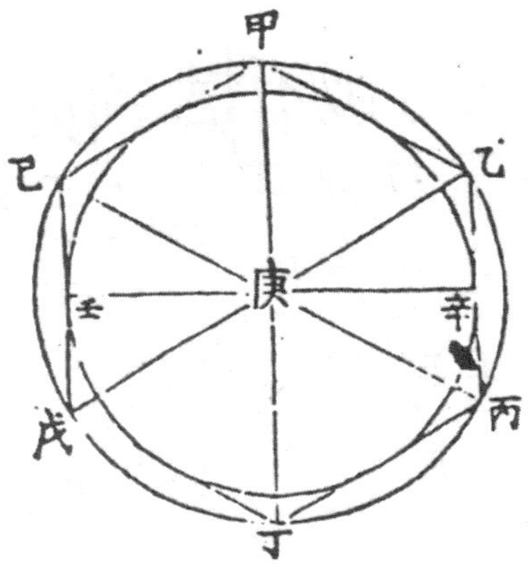

그림과 같은 정육각형 갑을병정무기(甲乙丙丁戊己)가 있다.
중심으로부터 각을 여섯으로 나누는 선 경갑(庚甲), 경을(庚乙), 경병(庚丙), 경정(庚丁), 경무(庚戊), 경기(庚己)를 그리면, 모두 외접원의 반지름이고 정육각형은 쪼개져서 여섯 개의 삼각형이 된다.[4]
如甲乙丙丁戊己六等邊形 自中心作庚甲庚乙庚丙庚丁庚戊庚己六分角線 則俱爲外切圓半徑 而分六等邊形爲六三角形

각 삼각형의 양변이 모두 반지름이어서 이미 서로 같으므로, 그것에 대응되는 양쪽 경계각도 반드시 서로 같다.[5]
其每一三角形之兩腰俱係半徑旣相等 則所對之兩界角必相等

또 중심의 각은, 마주보는 호가 전체 원의 6분의 1이므로 반드시 60°다.[6]
且心角所對弧係全圓六分之一 則必爲六十度

무릇 삼각형의 세 각도의 합은 반드시 180°이어야 하므로, 이 삼각형의 중심각이외의 두 경계각 또한 반드시 각각 60°가 된다.[7]
夫三角形之三角度必爲一百八十度
則此三角形之心角外兩界角亦必各爲六十度[8]

이미 세 각이 모두 같으므로 대응되는 세 변도 반드시 서로 같다.
旣三角俱等 則所對三邊必相等

따라서 외접원의 반지름과 한 변은 같고, 그것을 두 배하면 지름이 된다.[9]
故外切圓半徑與每邊等 而倍之爲全徑也

또 삼각형 경을병(庚乙丙)에서 한 변의 절반 을신(乙辛)을 밑변으로 삼고 한 변과 같은 경을(庚乙)을 빗변으로 해서 높이 경신(庚辛)을 구하면 중수선 즉 내접원의 반지름이 된다.
그것을 두 배하면 지름 신임(辛壬)이 된다.[10]
且如庚乙丙三角形 以每邊折半 得乙辛爲勾 與每邊相等之庚乙爲弦
求得庚辛股 爲中垂線卽內函圓半徑
倍之爲辛壬全徑也

넓이를 구하는 이치는 정오각형의 해법과 같다.[11]
求面積之理 同五等邊形解

☞ **역자 주 :** 위의 풀이에 표시한 각 계산 과정을 현재의 기호로 나타내면 다음과 같다.

[4] 庚甲＝庚乙＝庚丙＝庚丁＝庚戊＝庚己＝외접원의 반지름

5 예를 들어, △庚乙丙에서,
庚乙=庚丙 이므로 ∠庚乙丙=∠庚丙乙

6 예를 들어, ∠乙庚丙(중심각)$=360° \times \frac{1}{6}=60°$

7 예를 들어, ∠庚乙丙=∠庚丙乙=60°

8 예를 들어, 庚乙=庚丙=乙丙

9 외접원의 반지름(庚乙)=한 변(乙丙)=12,
한 변×2=24=외접원의 지름

10 庚辛$=\sqrt{庚乙^2-乙辛^2}=\sqrt{12^2-6^2}=\sqrt{108}\fallingdotseq 10.39230485$
=중수선= 내접원의 반지름,
辛壬=庚辛×2=20.78460969
≒20.7846 조금 넘음=내접원의 지름

11 내접원의 반지름×한 변$\times \frac{1}{2} \times 6$=정육각형의 넓이,

$10.39230485 \times 12 \times \frac{1}{2} \times 6=374.1229744$
=374.1230 조금 모자람

〔1-5〕 정칠각형의 한 변이 12척이라고 하자.

문제 **넓이와 내접·외접원의 지름은 얼마인가?**

해답 **넓이 523척28촌34분 조금 모자람**
내접원의 지름 24척9촌1분8리3호 조금 모자람
외접원의 지름 27척6촌5분7리2호 조금 모자람

設七等邊形每邊十二尺
問 面積及內函外切圓徑各幾何
答曰 面積 五百二十三尺二十八寸三十四分弱
內函圓徑 二十四尺九寸一分八釐三毫弱
外切圓徑 二十七尺六寸五分七釐二毫弱

풀이

연비례사율(連比例四率)14)과 이율이 있을 때 일률과 사율을 서로 더한

것과 이율을 두 배해서 다시 삼률을 더한 것이 같아지는 일·삼·사율을 구하는 방법을 쓴다.[1]
術曰
用連比例四率 有二率求一三四率使一率與四率相加與二率倍之再加三率等之法

한 변을 이율로 하고 세제곱하여 얻은 수는 입방적15)이 된다.
한 변을 제곱하여 두 배하면 정방법(正方法)이 되고 한 변은 정렴법(正廉法)이 되고 1은 부우법(負隅法)이 된다.[2]
대종입방법(帶縱立方法: 삼차방정식)을 써서 풀면 삼률〔5척3촌4분0리5호0사2홀4미2섬 조금 모자람〕을 얻는다.[3]
그것으로 한 변〔즉 이율16)〕을 제곱한 것을 나누어 얻은 수〔26척9촌6분3리7호5사5홀2미3섬 조금 모자람〕는 일률이 된다.[4]
以每邊爲二率自乘再乘17)得數爲立方積
每邊自乘倍之爲正方法每邊爲正廉法一爲負隅法
用帶縱立方法開之得三率 五尺三寸四寸零五毫零二忽四微二纖弱
以除每邊 卽中率 自乘積得數 二十六尺九寸六分三釐七毫五絲五忽二微三纖弱 爲一率

연비례사율에서 이율을 제곱한 수는 일률과 삼률을 서로 곱한 수와 같고, 또 삼률을 제곱한 수는 이율과 사율을 서로 곱한 수와 같다.[5]
凡連比例四率 二率自乘數與一三率相乘數等
又三率自乘數與二四率相乘數等

---

14) 연비례사율은 연속적인 네 개의 비례관계를 말한다. 즉 a(일률) : b(이율) = b(이율) : c(삼률) = c(삼률) : d(사율). 여기서는 일률은 대각선이고 이율은 한 변이다. 자세한 것은 [28]을 보라.
15) [2]~[14]는 [1]로 삼차방정식을 기하적으로 유도해서 푸는 것이다. 여기서는 삼률의 삼차방정식이다. 삼차방정식에서 입방적은 상수항, 방법은 일차항의 계수, 렴법은 이차항의 계수, 우법은 최고차항의 계수이다. 정은 +, 부는 -를 뜻한다.
즉 $1728 = 288x + 12x^2 - x^3$
16) 원문에는 중률로 되어있으나 이율(二率)의 오기인 듯하다.
17) 自乘再乘은 세제곱을 뜻한다.

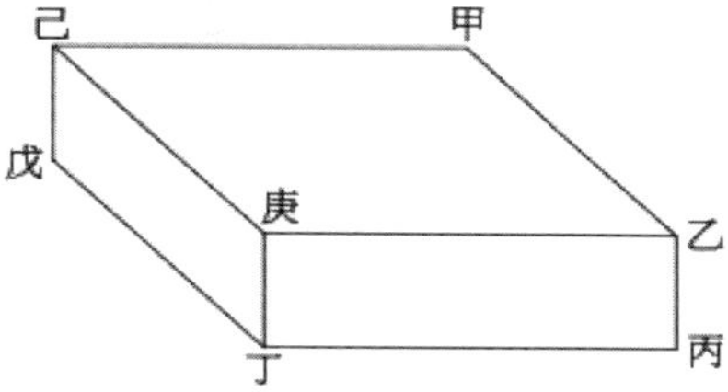

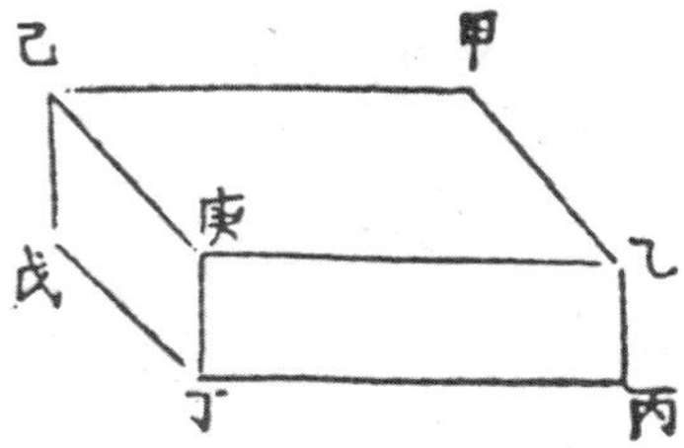

이제 이율을 제곱한 수는 일률과 삼률을 서로 곱한 을병정경(乙丙丁庚)의 넓이라 하고, 또 이율을 다시 곱해 직육면체 갑을병정무기경(甲乙丙丁戊己庚)의 부피가 되면, 그 세로 갑을(甲乙)이 이율이 되고 가로 을경(乙庚)이 일률이 되고 높이 을병(乙丙)은 삼률이 된다.[6]
今以二率自乘數爲乙丙丁庚一三率相乘面
又以二率再乘爲甲乙丙丁戊己庚扁方體
則其甲乙濶爲二率 乙庚長爲一率 乙丙高爲三率

만약 일률과 이율을 서로 곱해서 갑을경기(甲乙庚己)의 넓이를 얻어서 그것(직육면체)을 나누면 삼률 을병(乙丙)을 얻을 수 있다.[7]
苟以一二率相乘 得甲乙庚己面積 除之 則可得乙丙三率

그러나 지금 일률이 없고, 단지 이율을 두 배해서 삼률을 더한 것과 일·사율 서로 더한 것이 같다는 것만을 알고 있다.[8]
然今無一率 而但知二率倍之再加三率與一四率相加數等

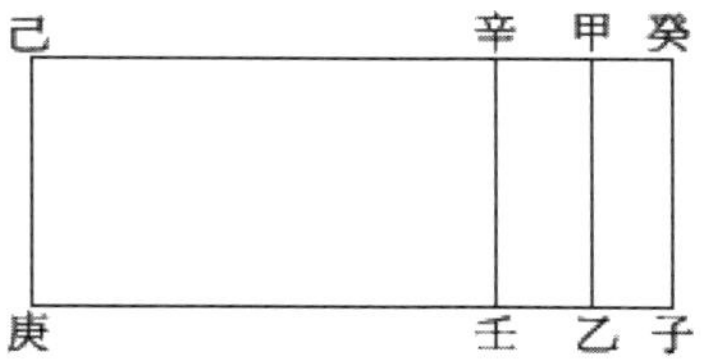

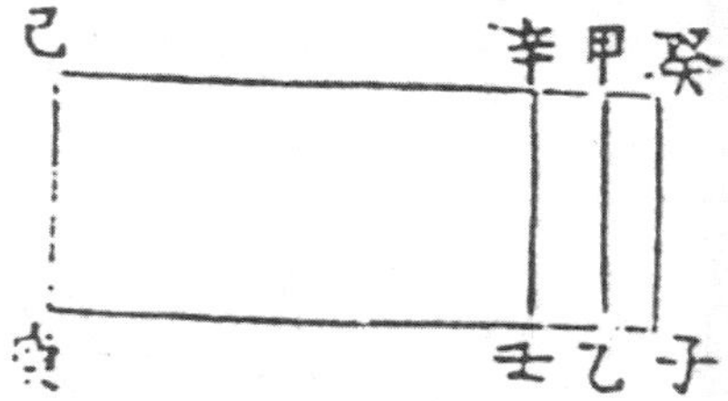

그러므로 이율을 제곱하고 두 배해서 정방법이 되게 하면, 그림과 같은 직사각형 신임경기(辛壬庚己) 넓이는 일률과 이율을 서로 곱한 넓이에 비해 직사각형 갑을신임(甲乙辛壬)만큼 작다.[9]
그 갑신(甲辛)은 즉 삼률과 사율의 차이고, 갑을(甲乙)은 즉 이율이다.[10]

故以二率自乘 倍之爲正方法
則其面積如辛壬庚己長方面 比一二率相乘之面積 少甲乙辛壬長方形
其甲辛卽三率與四率之較 甲乙卽二率

이에 이율은 정렴법이 되고,
몫 삼률과 서로 곱하면 직사각형 계자임신(癸子壬辛)의 넓이를 얻고 방법에 더해 넣으면 일률과 이율을 서로 곱한 넓이에 비해 또 직사각형 계자을갑(癸子乙甲)만큼 크다. [11]
그 갑계(甲癸)는 곧 사율이고 계자(癸子)는 곧 이율이다.
乃以二率爲正廉法
與所商三率相乘 得癸子壬辛長方面
加入於方法 則比一二率相乘之面積 更多癸子乙甲長方形
其甲癸卽四率 癸子卽二率

따라서 1을 부우법으로 하면 몫 삼률을 제곱한 수는 원래 이율과 사율을 서로 곱한 수와 같다. [12]
故以一爲負隅法 則所商三率自乘數原等於二四率相乘數

방법에서 빼면 남은 것이 일률과 이율을 서로 곱한 갑을경기(甲乙庚己) 넓이가 된다. [13]
而以減於方法 餘爲甲乙庚己一二率相乘之面積

직육면체 갑을병정무기경(甲乙丙丁戊己庚)을 나누면 삼률 을병(乙丙)을 얻는다. [14]
以除甲乙丙丁戊己庚扁方體積 而得乙丙三率也

곧 정칠각형의 대각선이다. [15]
卽七等邊形之對角線也

그것을 빗변으로 하고 한 변 절반을 밑변으로 해서 높이[26척2촌8분7리7호1사7홀5미9섬 조금 모자람]를 구하면 마주보는 각에서 한 변에 이르는 수선이다. [16]
이제 이것은 고현화[18]가 되므로 한 변의 절반을 밑변으로 해서, 고현교

18) 이것은 뒤의 작은 직각삼각형 축무묘(丑戊卯)의 고현화이다.

를 구한다.[17]
그것을 고현화에서 빼고 남은 것이 내접원의 지름이 되고 더하면 외접원의 지름이 된다.[18]
또 내접원의 반지름과 한 변을 서로 곱해서 반으로 나눈 것을 7배하면 넓이가 된다.[19]

以爲弦 每邊折半爲勾　求得股〔二十六尺二寸八分七釐七毫一絲七忽五微九纖弱〕爲對角至一邊垂線
仍爲股弦和 每邊折半爲勾 求得股弦較
以減於股弦和 餘爲內函圓徑 以加於股弦和 爲外切圓徑也
且以內函圓半徑與每邊相乘折半 得數七因之爲面積也

☞ **역자 주 :** 풀이에 표시한 각 과정을 현재의 기호로 나타내면 다음과 같다.

[1] 일률 : 이율 = 이율 : 삼률 = 삼률 : 사율,
일률 + 사율 = 이율 × 2 + 삼률

[2] 한 변 = 이율 = 12,
한 변^3 = 이율^3 = 12^3 = 1728,
한 변^2 × 2 = 288 : 정방법,
한 변 = 12 : 정렴법,
1 : 부우법

[3] 이율^2 = 일률 × 삼률, 삼률^2 = 이율 × 사율, 144 = 일률 × 삼률, 삼률^2 = 12 × 사율,
일률 + 사율 = 이율 × 2 + 삼률, 일률 + 사율 = 24 + 삼률,
1728 = 288삼률 + 12삼률^2 − 삼률^3,
∴ 삼률 = 5.34050242 조금 모자람

[4] 일률 = $\frac{\text{이율}^2}{\text{삼률}}$ = 26.96375523 조금 모자람[19)]

[5] 일률 : 이율 = 이율 : 삼률 = 삼률 : 사율,
이율^2 = 일률 × 삼률,
삼률^2 = 이율 × 사율

[6] 이율^2 = 직사각형 乙丙丁庚의 넓이
= 일률(乙庚) × 삼률(乙丙),
일률 × 이률 × 삼율 = 직육면체 甲乙丙丁戊己庚의 부피

19) 26.9637552에 더 가깝다. 그러나 역시 무시할 수 있는 오차이다.

= 乙庚(가로)×甲乙(세로)×乙丙(높이)
= 이율^3

[7] 甲乙丙丁戊己庚의 부피÷甲乙庚己의 넓이=乙丙(삼률)

[8] 일률+사율=이율×2+삼률

[9] 이율^2×2 : 정방법,
辛壬庚己=甲乙庚己-甲乙辛壬
{일률-(삼률-사율)}×이율=(이율×2)×이율=이율^2×2
=일률×이율-(삼율-사율)×이율

[10] 甲辛=삼률-사율,
甲乙=이율

[11] 甲乙=이율 : 정렴법,
癸子壬辛=이율×삼률,
甲癸=사율, 癸子=이율,
辛壬庚己+癸子壬辛=甲乙庚己+癸子乙甲
이율^2×2 +이율×삼률=일률×이율+이율×사율

[12] 삼률^2=이율×사율

[13] 辛壬庚己+癸子壬辛-癸子乙甲=甲乙庚己,
이율^2×2+이율×삼률-삼률^2=甲乙庚己

[14] 甲乙丙丁戊己庚÷甲乙庚己=乙丙(삼률)
이율^3 ÷(이율^2×2+이율×삼률-삼률^{23})=삼률
이율^3=(이율^2×2)삼률+이율×삼률^2-삼률^3
1728=288삼률+12삼률^2-삼률^3,

[15] 일률=26.96375523 조금 모자람=정칠각형의 대각선

[16] 높이$=\sqrt{\text{대각선}^2-(\frac{\text{한 변}}{2})^2}=\sqrt{(26.96375523)^2-6^2}$
=26.28771759 조금 모자람=수선

[17] 수선=26.28771759 : 고현화,
고현교$=\frac{\text{밑변}^2}{\text{고현화}}=\frac{6^2}{26.28771759}$≒1.369460849

[18] 고현화-고현교≒26.28771759-1.369460849

=24.91825674=24.9183 조금 모자람=내접원의 지름,

고현화+고현교≒26.28771759+1.369460849

=27.65717844=27.6572 조금 모자람=외접원의 지름

19 내접원의 반지름×한 변×$\frac{1}{2}$×7=정칠각형의 넓이,

12.45912837×12×$\frac{1}{2}$×7=523.2833915=523.2834 조금 모자람

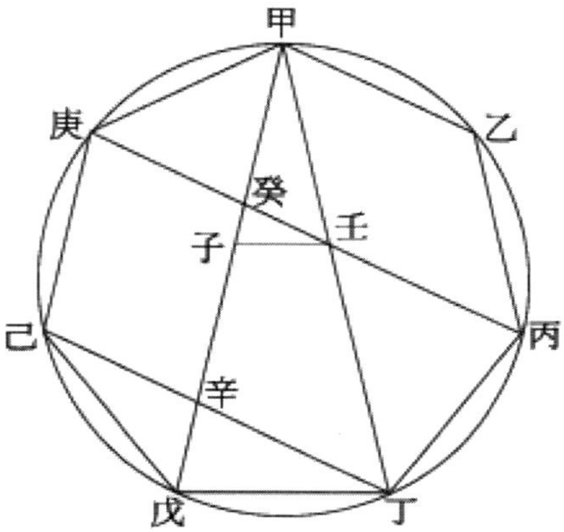

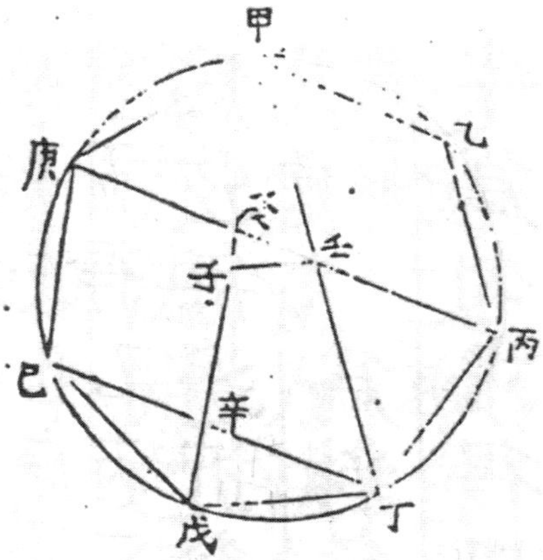

그림과 같은 정칠각형 갑을병정무기경(甲乙丙丁戊己庚)이 있다.
세 선 갑정(甲丁), 갑무(甲戊), 병경(丙庚)을 그으면 모두 대각선이 된다.
또 병경(丙庚)에 평행한 선분 정기(丁己)을 그으면 삼각형 갑정무(甲丁戊)와 삼각형 정무신(丁戊辛)은 각 무(戊)를 공통으로 갖는다.
如甲乙丙丁戊己庚 七等邊形
作甲丁甲戊丙庚三線 則俱爲對角線
又與丙庚平行作丁己線 則其甲丁戊三角形與丁戊辛三角形共用一戊角

또 각 정갑무(丁甲戊)가 마주보는 호 정무(丁戊)와 각 무정신(戊丁辛)이 마주보는 호 무기(戊己)가 같으므로 그 각도는 반드시 같다.[20]
두 삼각형의 두 각이 이미 같으므로, 그 남은 한 각도 반드시 같아서 닮은꼴이 된다.[21]
且丁甲戊角所對丁戊弧與戊丁辛角所對戊己弧等 則角度必等
兩形之角二角旣等 則其餘一角亦必等 而爲同式形

또 변 정무(丁戊)와 평행한 선분 임자(壬子)를 그으면 삼각형 갑임자

(甲壬子)의 두 옆 변은 반드시 같다.[22]
삼각형 갑정무(甲丁戊)와 각 갑(甲)을 공통으로 갖게되어 또한 닮은꼴이 된다.[23]
且與丁戊邊平行作壬子線 則甲壬子三角形之兩腰必等
而與甲丁戊三角形共用一甲角 亦爲同式形

그 변 갑임(甲壬)과 변 을병(乙丙)은 평행하고, 두 평행선 갑을(甲乙)과 병임(丙壬) 안에 서 있어서 그 길이가 반드시 같다.[24]
즉 삼각형 정무신(丁戊辛)의 변 정무(丁戊)와 같아서 합동이 된다.[25]
其甲壬邊與乙丙每邊平行 而立於甲乙丙壬二平行線之內 其度必等
則亦與丁戊辛三角形之丁戊邊等 而爲相等形

또 삼각형 임자계(壬子癸)의 변 임자(壬子)는 이미 삼각형 정무신(丁戊辛)의 변 정무(丁戊)와 평행하고, 변 임계(壬癸)는 또한 변 정신(丁辛)과 평행하다.[26]
그리고 함께 똑같이 선분 갑무(甲戊) 위에 서 있으므로, 그 양변으로 생기는 각들은 반드시 모두 서로 같고 또한 닮은꼴이 된다.[27]
且壬子癸三角形之壬子邊旣與丁戊辛三角形之丁戊邊平行
壬癸邊又與丁辛邊平行
而同立於甲戊線上 則其兩邊所生之角必俱相等 而亦爲同式形

따라서 대각선 갑무(甲戊)와 변 정무(丁戊) 혹은 갑임(甲壬)의 비는 변 정무(丁戊) 혹은 변 갑임(甲壬)과 무신(戊辛) 혹은 임자(壬子)의 비와 같고 또한 무신(戊辛) 혹은 임자(壬子) 와 계자(癸子)의 비와도 같아서 연비례사율이 된다.[28]
故甲戊對角線與丁戊每邊或甲壬之比同於丁戊每邊或甲壬與戊辛或壬子之比 亦同於戊辛或壬子與癸子之比
而爲連比例四率

또 갑자(甲子)는 이미 갑임(甲壬)과 같고, 계신(癸辛)은 또 변 기경(己庚)과 평행하고, 두 평행선 경계(庚癸)와 기신(己辛) 안에 서 있으므로, 그 길이는 반드시 같다.[29]
且甲子旣與甲壬等 而癸辛又與己庚每邊平行
而立於庚癸己辛二平行線之內 其度必等

이 일률 갑무(甲戊) 안에 두 이율 갑자(甲子)와 계신(癸辛) 및 삼률 신무(辛戊)가 있으나 사율 계자(癸子)만큼 작다.[30]
是甲戊一率內 有甲子癸辛兩二率及辛戊三率而少癸子四率

따라서 연비례사율과 이율이 있을 때 일·사율을 서로 더한 것과 이율을 두 배해서 다시 삼률을 더한 것이 같아지는 일·삼·사율을 찾는 방법을 써서 대각선 갑무(甲戊)를 얻는다.[31]
故用連比例四率 有二率求一三四率使一四率相加與二率倍之再加三率等之法 得甲戊對角線也

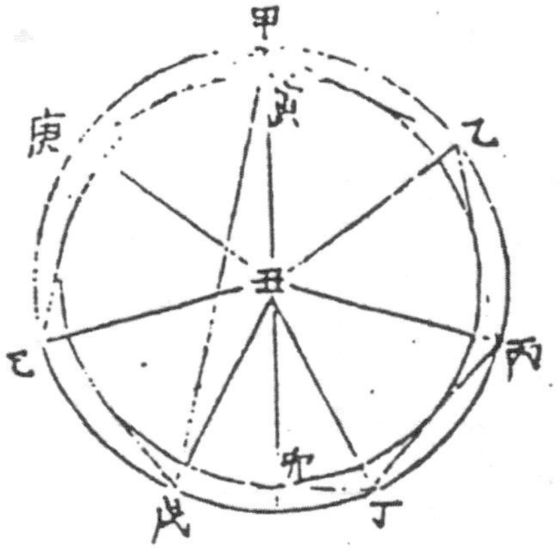

이미 대각선을 얻었으면 마주보는 각에서 변에 이르는 수선을 구한다.[32]

旣得對角線 則求對角至一邊垂線

내접·외접원의 지름과 넓이를 구하는 이치는 정오각형의 해법과 같다.
得內函外切圓徑及面積之理併同五等邊形解

☞ **역자 주 :** 위의 풀이에 표시한 각 계산 과정을 현재의 기호로 나타내면 다음과 같다.

[20] 호丁戊＝호戊己, ∴ ∠丁甲戊＝∠戊丁辛

[21] △甲丁戊∽△丁戊辛

[22] 甲壬＝甲子

㉓ △甲丁戊∽△甲壬子

㉔ 甲壬＝乙丙＝12

㉕ 甲壬＝丁戊＝12,　∴ △丁戊辛≡△甲壬子

㉖ 壬子//丁戊,　壬癸//丁辛

㉗ △丁戊辛(≡△甲壬子)∽△壬子癸

㉘ 甲戊 : 丁戊(＝甲壬)＝丁戊 : 戊辛(＝壬子)＝戊辛 : 癸子

㉙ 甲子＝甲壬＝癸辛＝己庚＝12

㉚ 甲戊(일률)＝甲子(이율)＋癸辛(이율)＋辛戊(삼률)－癸子(사율)

㉛ 일률 : 이율＝이율 : 삼률＝삼률 : 사율,
일률＋사율＝이율×2＋삼률

㉜ 甲卯＝$\sqrt{\text{甲戊}^2-\text{卯戊}^2}$
$=\sqrt{(26.96375523)^2-6^2}$
＝26.28771759 조금 모자람
＝수선

〔1-6〕 정팔각형의 한 변이 12척이라고 하자.

문제 **넓이와 내접·외접원의 지름은 얼마인가?**

해답 **넓이　695척29촌35분 조금 넘음**
내접원의 지름　28척9촌7분0리6호 조금 모자람
외접원의 지름　31척3촌5분7리5호 조금 넘음

設八等邊形每邊十二尺
問　面積及內函外切圓徑各幾何
答曰　面積　六百九十五尺二十九寸三十五分强
內函圓徑　二十八尺九寸七分零六毫弱
外切圓徑　三十一尺三寸五分七釐五毫强

풀이

연비례삼률[20]과 중률이 있을 때 중률을 두 배해서 말률을 더한 것이 수율과 같아지는 수율과 말률을 구하는 방법을 쓴다.[1]
術曰
用連比例三率 有中率求首末率使中率倍之再加末率與首率等之法

한 변을 중률로 하면 제곱은 장방적(직사각형 넓이)이 되고, 한 변을 두 배 한 것은 장활교(가로와 세로의 차이)가 된다.[2]
이차방정식을 써서 풀면 가로를 얻는데, 이것이 연비례의 수율이다.[3]
以每邊爲中率 自乘爲長方積 每邊倍之爲長闊較
用帶縱平方法開之 得長爲連比例之首率

연비례삼률에서 중률을 제곱한 수와 수율과 말률을 서로 곱한 것은 같다.
따라서 중률의 제곱은 수율과 말률을 서로 곱해 생긴 장방적(직사각형 넓이)이 된다.[4]
凡連比例三率 中率自乘數與首末率相乘數等
故以中率自乘爲首末率相乘之長方積

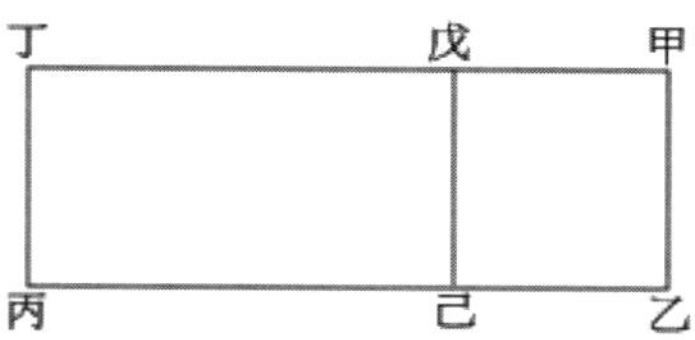

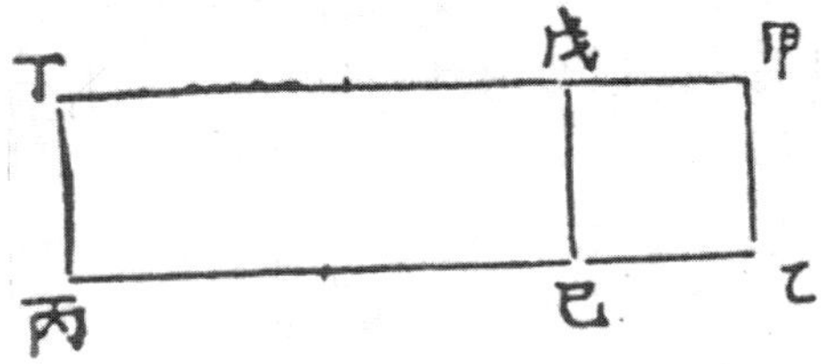

그림과 같은 직사각형 갑을병정(甲乙丙丁)의 넓이에서, 그 가로 갑정(甲丁)이 곧 수율이고 그 세로 갑을(甲乙)이 말률이다. 그런데 수율은 중률을 두 배해서 말률을 더한 수였으니 장활교 무정(戊丁)은 곧 중률을 두 배한 수이다.[5]
則如甲乙丙丁長方面 其長甲丁卽首率 其濶甲乙卽末率
而首率旣爲中率倍之再加末率數 則戊丁長濶較卽中率倍之數也

즉 정팔각형의 내접원의 지름이다.[6]
그것을 높이로 하고 한 변을 밑변으로 해서 빗변을 구하면 즉 외접원의

---

20) 여기서 수율은 내접원의 지름이고 중률은 한 변이다. 뒤의 [11]을 보라.

지름이다.[7]

또 내접원의 반지름과 한 변을 서로 곱해서 반으로 나누어 얻은 수를 8배하면 넓이가 된다.[8]

卽八等邊形之內函圓徑也

以爲股每邊爲勾 求得弦 卽外切圓徑也

且以內函圓半徑與每邊相乘折半得數八因之爲面積也

☞ **역자 주 :** 풀이에 표시한 각 과정을 현재의 기호로 나타내면 다음과 같다.

[1] 수율 : 중률＝중률 : 말률,
수율＝중률×2＋말률

[2] 한 변＝중률＝12,
한 변^2＝중률^2＝144＝수율(가로)×말률(세로) : 장방적,
한 변×2＝24＝수율(가로)－말률(세로) : 장활교

[3] 가로×세로＝12^2＝144,　가로－세로＝12×2＝24,
가로^2－24가로＝144,
∴ 가로≒28.97056275＝28.9706 조금 모자람

[4] 중율^2＝수율(가로)×말률(세로) : 장방적

[5] 甲丁＝수율(가로),　甲乙＝말률(세로),
戊丁＝수율(가로)－말률(세로)＝장활교＝중률×2

[6] 수율＝정팔각형의 내접원의 지름
＝28.97056275＝28.9706 조금 모자람

[7] 빗변＝$\sqrt{\text{높이}^2+\text{밑변}^2}$＝$\sqrt{\text{내접원의 지름}^2+\text{한변}^2}$
＝$\sqrt{(28.97056275)^2+12^2}$＝31.35751116
＝31.3575 조금 넘음＝외접원의 지름

[8] 내접원의 반지름×한 변×$\frac{1}{2}$×8＝정팔각형의 넓이,

14.48528138×12×$\frac{1}{2}$×8＝695.293506＝695.2935 조금 넘음

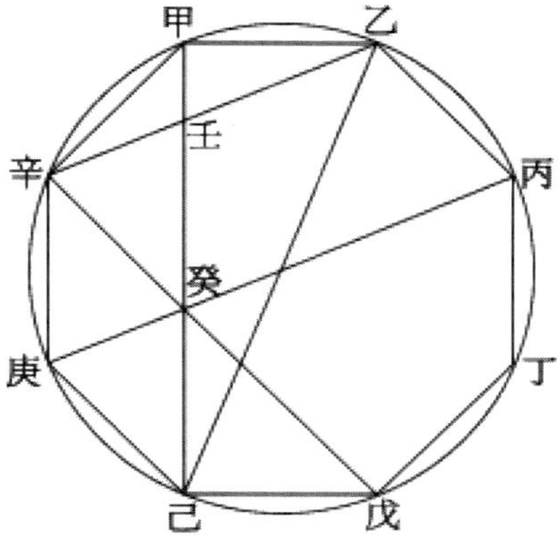

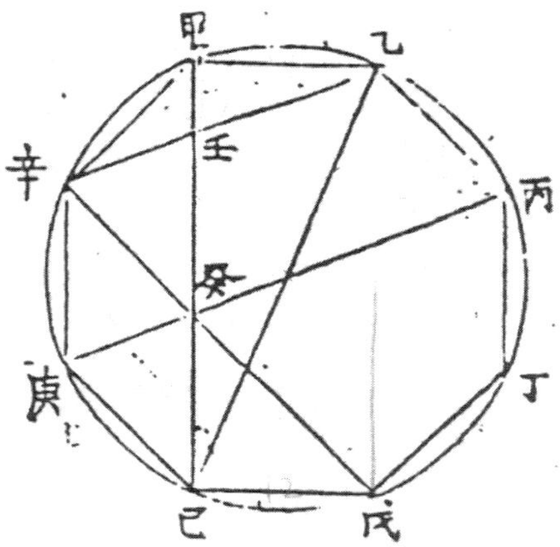

그림과 같은 정팔각형 갑을병정무기경신(甲乙丙丁戊己庚辛)이 있다.
두 선 갑기(甲己)와 신무(辛戊)를 그리면 모두 내접원의 지름이 된다. [9]

如甲乙丙丁戊己庚辛 八等邊形
作甲己辛戊二線 則俱爲內函圓徑

또 두 선 을기(乙己)와 병경(丙庚)을 그으면 모두 외접원의 지름이다.
又作乙己丙庚二線 則俱爲外切圓徑

또 선분 을신(乙辛)을 그리면 직각삼각형 을갑기(乙甲己)와 직각삼각형 을갑임(乙甲壬)은 직각인 각 갑(甲)을 공통으로 갖는다.
또한 각 갑기을(甲己乙)이 마주보는 호 갑을(甲乙)과 각 갑을임(甲乙壬)이 마주보는 호 갑신(甲辛)이 같으므로 그 각도 같다.
세 각이 모두 같으므로 닮은꼴이 된다. [10]
又作乙辛線則乙甲己勾股形與乙甲壬勾股形共用一甲直角
且甲己乙角所對甲乙弧與甲乙壬角所對甲辛弧等而角度亦等
則三角必俱等 而爲同式形

따라서 높이 갑기(甲己)와 밑변 갑을(甲乙)의 비는 높이 갑을(甲乙)과 밑변 갑임(甲壬)의 비와 같다.
그래서 연비례삼률이 된다. [11]
故甲己股與甲乙勾之比同於甲乙股與甲壬勾之比
而爲連比例三率

또 임계(壬癸)와 변 신경(辛庚)은 평행하고 두 평행선 신임(辛壬)과 경계(庚癸) 안에 서 있고, 계기(癸己) 역시 변 신경(辛庚)과 평행하고 두 평행선 신계(辛癸)와 경기(庚己) 안에 서 있어서 그 길이가 모두 서로 같다.[12]

且壬癸與辛庚每邊平行而立於辛壬庚癸二平行線之内
癸己亦與辛庚每邊平行而立於辛癸庚己二平行線之内
其度必俱互等

이 수율 갑기(甲己) 안에 두 중률 임계(壬癸)와 계기(癸己) 및 말률 갑임(甲壬)이 있다.[13]

是甲己首率内 有壬癸癸己兩中率及甲壬末率

따라서 연비례삼률과 중률이 있을 때 중률을 두 배해서 다시 말률을 더한 것이 수율과 같아지는 수율과 말률을 찾는 방법을 쓴다.[14]

故用連比例三率 有中率求首末率使中率倍之再加末率與首率等之法

내접원의 지름 갑기(甲己)를 얻어서 그것을 높이로 하고 변 갑을(甲乙)을 밑변으로 해서 빗변 을기(乙己)를 구하면 곧 외접원의 지름이다.[15]

得甲己内容圓徑以爲股 以甲乙每邊爲勾 求得乙己弦 卽外切圓徑也

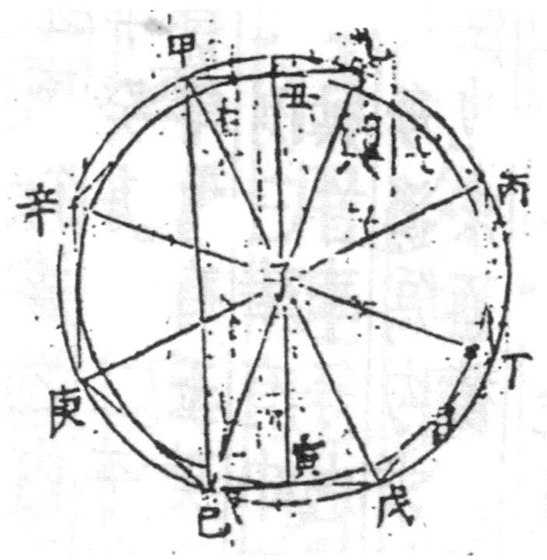

넓이를 구하는 이치는 정오각형 해법과 같다.

求面積之理同五等邊形解

☞ **역자 주 1:** 위의 풀이에 표시한 각 계산 과정을 현재의 기호로 나타내면 다음과 같다.

[9] 甲己＝辛戊＝내접원의 지름,

[10] 호甲乙＝호甲辛, ∴ ∠甲己乙＝∠甲乙壬,
△乙甲己∽△乙甲壬

[11] 甲己 : 甲乙＝甲乙 : 甲壬

[12] 壬癸＝辛庚＝癸己＝12

[13] 甲己(수율)＝壬癸(중률)＋癸己(중률)＋甲壬(말률)

[14] 甲己 : 甲乙＝甲乙 : 甲壬,
甲己(수율)＝壬癸(중률)＋癸己(중률)＋甲壬(말률),
12^2＝甲己×甲壬＝144,
甲己－甲壬＝12×2＝24,
$甲己^2-24甲己=144$,
∴ 甲己≒28.97056275＝28.9706 조금 모자람

[15] $乙己=\sqrt{甲己^2+甲乙^2}=\sqrt{28.97056275^2+12^2}=31.35751116$
＝31.3575 조금 넘음＝외접원의 지름

별해

한 변의 제곱을 두 배하고 제곱근을 구하여 얻어진 수에 한 변을 더하면 내접원의 지름이 된다.[1]
내접원의 지름을 제곱해서 얻어진 수에서 한 변을 제곱한 수를 빼면 남은 것이 정팔각형의 넓이이다.[2]
又法
以每邊自乘倍之開平方 得數以加每邊 爲内函圓徑也
以内函圓徑自乘得數内減每邊自乘數 餘爲八等邊形面積也

☞ **역자 주:** 풀이에 표시한 각 과정을 현재의 기호로 나타내면 다음과 같다.

[1] $\sqrt{한\ 변^2\times 2}$ ＋한 변＝내접원의 지름,
$\sqrt{12^2\times 2}+12=28.97056275$]

[2] 내접원의 지름^2 − 한 변^2 = 정팔각형의 넓이,
$28.97056275^2 - 12^2 = 695.2935061 = 695.2935$ 조금 넘음

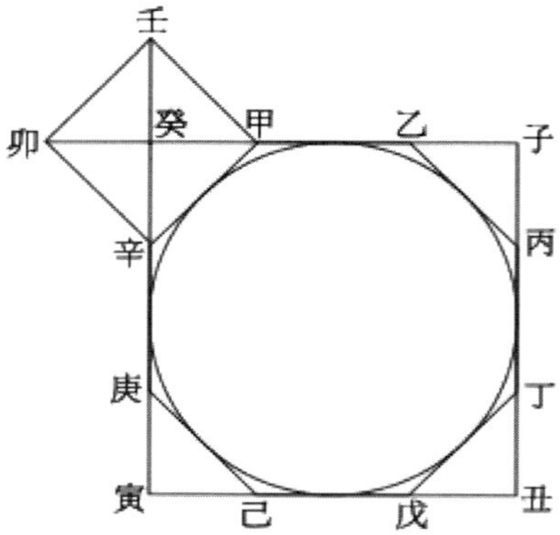

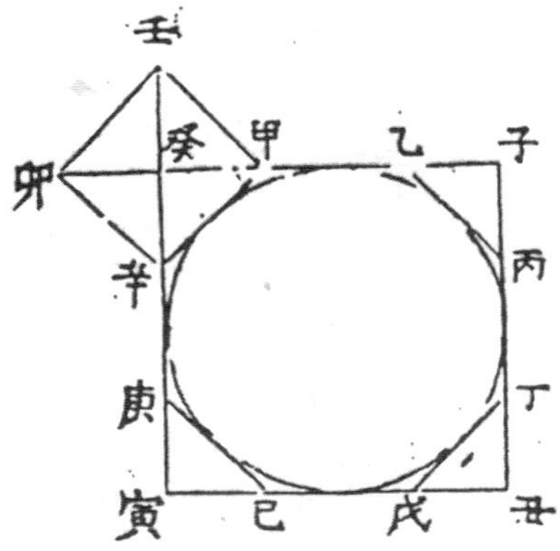

그림과 같은 정팔각형 갑을병정무기경신(甲乙丙丁戊己庚辛)이 있다. 변 갑신(甲辛)을 밑변으로 하고 또 높이로 해서 빗변 임신(壬辛)을 구하면 곧 계신(癸辛)과 경인(庚寅)을 더한 것이 된다.[3]
如甲乙丙丁戊己庚辛 八等邊形
以甲辛每邊爲勾 亦爲股 求得壬辛弦 卽癸辛與庚寅之和

따라서 변 신경(辛庚)을 더하면 내접원의 지름 계인(癸寅)을 얻는다.[4]
故加辛庚每邊 得癸寅內函圓徑也

또 변 갑신(甲辛)의 제곱인 정사각형 갑임묘신(甲壬卯辛)의 넓이와 네 개의 직각삼각형 갑계신(甲癸辛), 경인기(庚寅己), 무축정(戊丑丁), 병자을(丙子乙)의 전체 넓이는 같다.[5]
且甲辛每邊自乘之甲壬卯辛正方面與甲癸辛庚寅己戊丑丁丙子乙四勾股形之摠面積等

따라서 계인(癸寅)을 제곱해서 정사각형 계자축인(癸子丑寅)의 넓이를 얻어서 작은 정사각형 갑임묘신(甲壬卯辛)의 넓이를 빼고 남은 것이 정팔각형의 넓이가 된다.[6]
故以癸寅自乘得癸子丑寅正方面 內減去甲壬卯辛小方面積
則餘爲八等邊形面積也

☞ **역자 주 2:** 별해에 표시한 각 계산 과정을 현재의 기호로 나타내면 다음과 같다.

3 壬辛 $= \sqrt{甲辛^2 \times 2} = \sqrt{288}$
$= 16.97056275$
$=$ 癸辛 $+$ 庚寅

4 癸辛 $+$ 庚寅 $+$ 辛庚 $=$ 癸寅
$= 16.97056275 + 12$
$= 28.97056275 = 28.9706$ 조금 모자람

5 甲壬卯辛 $= 12 \times 12 = 144$
$=$ 甲癸辛 $+$ 庚寅己 $+$ 戊丑丁 $+$ 丙子乙

6 癸寅^2 $=$ 癸子丑寅 $= 28.97056275^2 = 839.2935061$,
癸子丑寅 $-$ 甲壬卯辛 $= 839.2935061 - 144 = 695.2935061$
$= 695.2935$ 조금 넘음 $=$ 정팔각형의 넓이

〔1-7〕 정구각형의 한 변이 12척이라고 하자.
문제 넓이와 내접·외접원의 지름은 얼마인가?
해답 넓이　　　　890척18촌27분 조금 모자람
내접원지름　　32척9촌6분9리7호 조금 넘음
외접원지름　　35척0촌8분5리7호 조금 모자람

設九等邊形每邊十二尺
問　面積及內函外切圓徑各幾何
答曰 面積　　八百九十尺十八寸二十七分弱
內函圓徑 三十二尺九寸六分九氂七毫强
外切圓徑 三十五尺零八分五氂七毫弱

풀이
연비례사율21)과 이율이 있을 때, 일률과 사율을 서로 더한 것과 이율을 세 배한 것이 같아지는 일·사율을 구하는 방법을 쓴다. 1
術曰
用連比例四率有二率求一四率使一率與四率相加與二率三倍等之法

한 변을 이율로 하고 세제곱하여 얻은 수는 입방적이 된다.

21) 여기서는 대각선이 일률이고 이율이 한 변이다. 자세한 것은 28을 보라.

한 변을 3배한 수를 제곱해서 얻은 수는 정방법(正方法)이다.
한 변을 6배해서 얻은 수는 부렴법(負廉法)이다.
1은 정우법(正隅法)이다.[2]
삼차방정식을 써서 풀면 사율〔1척4촌4분7리3호7사7홀1미 조금 넘음〕을 얻는다.[3]
한 변 3배한 수에서 빼고 남은 값〔34척5촌5분2리6호2사2홀9미 조금 모자람〕이 일률이 된다.[4]
以每邊爲二率 自乘再乘 得數爲立方積
以每邊三因數自乘得數爲正方法
以每邊六因得數爲負廉法
一爲正隅法
用帶縱立方法開之 得四率〔一尺四寸四分七釐三毫七絲七忽一微强〕
以減於每邊三倍數 餘〔三十四尺五寸二釐六毫二絲二忽九微弱〕爲一率

연비례사율에서 일률의 제곱에 사율을 다시 곱한 것과 이율을 세제곱한 것이 같아지는 것을 이용한다22).
凡連比例四率 一率自乘用四率再乘 與二率自乘再乘之數等

이제 이율을 세제곱한 것이 직육면체 갑을병정무기경(甲乙丙丁戊己庚)이 되면, 세로 갑을(甲乙)과 가로 을경(乙庚)이 모두 일률이고, 높이 을병(乙丙)은 사율이 된다.[5]
今以二率自乘再乘積 爲甲乙丙丁戊己庚扁方體
則其甲乙濶與乙庚長俱爲一率 乙丙高爲四率

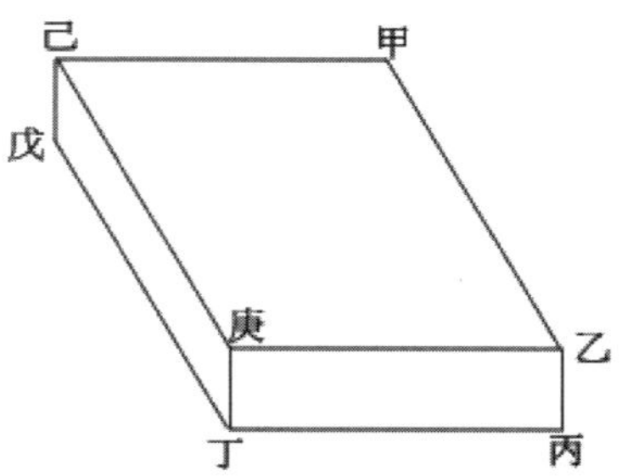

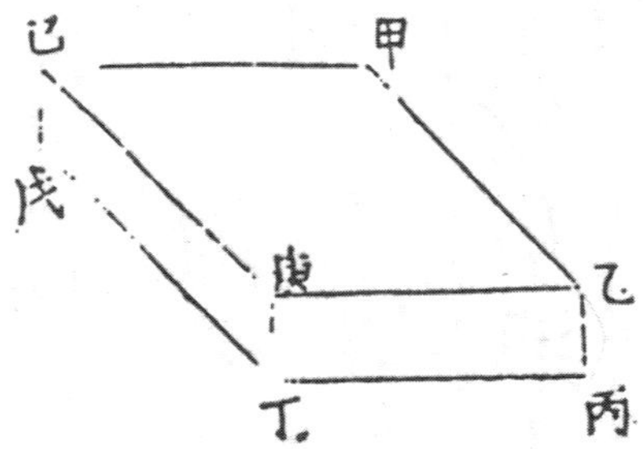

22) 이율^3=일률×이율×삼률= 일률×사율×일률=일률^2×사율

만약 일률을 제곱해서 얻은 갑을경기(甲乙庚己)의 넓이로 직육면체의 부피를 나누면 사율 을병(乙丙)을 얻을 수 있다.[6]
苟以一率自乘 得甲乙庚己面積 除之 則可得乙丙四率

그러나 지금 일률은 없고, 다만 이율을 3배한 수와 일·사율을 서로 더한 수가 같다는 것만을 알고 있다.[7]
然今無一率 而但知二率三倍數與一四率相加數等

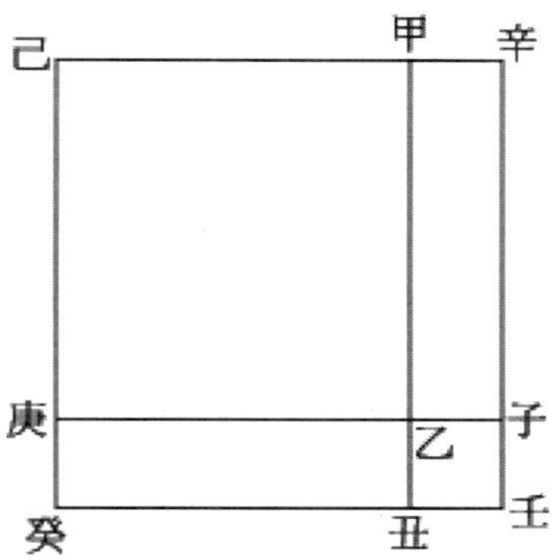

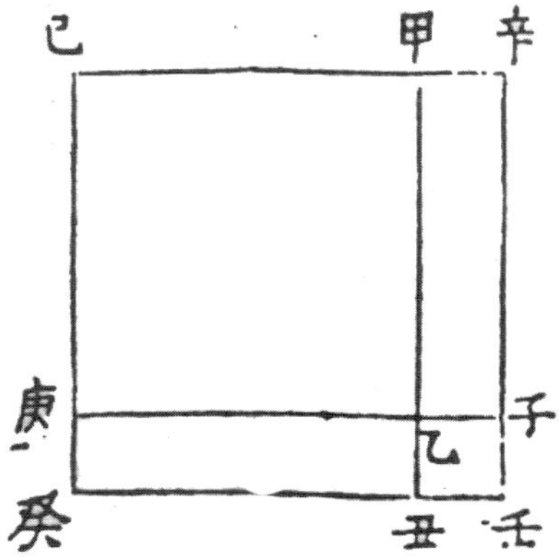

따라서 이율을 3배한 수를 제곱한 것이 정방법이 되면, 다음과 같은 정사각형 기신임계(己辛壬癸)의 넓이는 일률을 제곱한 넓이보다 경절형(磬折形: 꺾쇠 모양) 갑신임계경을(甲辛壬癸庚乙)만큼 크다.[8]
그 갑신 (甲辛)과 경계(庚癸)는 모두 사율이고, 신임(辛壬)과 임계(壬癸)는 모두 이율을 3배한 수이다.[9]
故以二率三倍數自乘爲正方法
則其面積加[23]己辛壬癸方面比一率自乘面積多甲辛壬癸庚乙磬折形
其甲辛與庚癸俱爲四率辛壬與壬癸俱爲二率三倍數

이제 이율을 3배한 수를 또 두 배하면 부렴법이 된다.[10]
몫 사율과 서로 곱해서 두 개의 직사각형 갑신임축(甲辛壬丑)과 자임계경(子壬癸庚)의 넓이를 얻는다.[11]
방법에서 빼면 아직 크니, 사율을 제곱한 정사각형 자임축을(子壬丑乙)을 뺀다.[12]
乃以二率三倍數 又倍之爲負廉法
與所商四率相乘 得甲辛壬丑子壬癸庚二長方面積

23) 如의 오기인 듯.

以減於方法 則又多 減去子壬丑乙四率自乘方一段

따라서 1을 정우법으로 하면, 몫 사율을 제곱한 수를 방법에 더해서 일률을 제곱한 넓이 갑을경기(甲乙庚己)를 얻는다.⑬
직육면체 갑을병정무기경(甲乙丙丁戊己庚)을 나누면 사율 을병(乙丙)을 얻는다.⑭
故以一爲正隅法
則所商四率自乘數加入於方法 恰得甲乙庚己一率自乘面積
以除甲乙丙丁戊己庚扁方體積 而得乙丙四率也

즉 정구각형의 대각선이다.⑮
卽九等邊形之對角線也

이것을 빗변으로 하고 한 변의 절반을 밑변으로 해서, 높이〔34척0촌2분7리6호9사0홀9미2섬 조금 모자람〕를 구하면 마주보는 각에서 변에 이르는 수선이 된다.⑯
이에 이것은 고현화[24]이므로, 한 변의 절반을 밑변으로 해서 고현교를 구한다.⑰
고현화에서 빼면 남은 것이 내접원의 지름이 되고, 고현화에 더하면 외접원의 지름이 된다.⑱
또 내접원의 반지름과 한 변을 서로 곱해서 반으로 나누어 얻은 수에 9배하면 넓이가 된다.⑲
以爲弦每邊 折半爲勾 求得股〔三十四尺零二分七釐六毫九絲零九微二纖弱〕爲對角至一邊垂線
仍爲股弦和 每邊折半爲勾 求得股弦較
以減於股弦和 餘爲內函圓徑 以加於股弦和 爲外切圓徑也
且以內函圓半徑與每邊相乘折半 得數九因之爲面積也

☞ **역자 주 :** 풀이에 표시한 각 과정을 현재의 기호로 나타내면 다음과 같다.

① 일률 : 이율 = 이율 : 삼률 = 삼률 : 사율,
일률 + 사율 = 이율 × 3

24) 이것은 뒤의 작은 직각삼각형 辰己午의 고현화이다. ㉝을 보라.

2 한 변=이율=12,
한 변^3=이율^3=12^3=1728,
(한 변×3)^2=1296 : 정방법,
한 변×6=72 : 부렴법,
1 : 정우법

3 이율^2=일률×삼률, 삼률^2=이율×사율, 일률+사율=이율×3,
144=일률×삼률, 삼률^2=12×사율, 일률+사율=36,
1728=1296사율−72사율^2+사율^3
∴ 사율≒1.4473771 조금 넘음

4 일률=이율×3−사율=36−1.4473771=34.5526229

5 이율^3=직육면체 甲乙丙丁戊己庚의 부피,
甲乙(세로)=乙庚(가로)=일률,
乙丙(높이)=사율

6 甲乙丙丁戊己庚 부피÷甲乙庚己(=일률^2) 넓이=乙丙(사율)

7 이율×3=일률+사율

8 (이율×3)^2=(12×3)^2=1296 : 정방법,
己辛壬癸=甲乙己庚+꺾쇠 모양 甲辛壬癸庚乙

9 甲辛=庚癸=사율,
辛壬=壬癸=이율×3

10 이율×3×2=이율×6 : 부렴법

11 이율×3×2×사율=甲辛壬丑+子壬癸庚

12 甲乙己庚 > 己辛壬癸-甲辛壬丑-子壬癸庚
子壬丑乙=사율^2

13 己辛壬癸-甲辛壬丑-子壬癸庚+子壬丑乙=甲乙己庚
(이율×3)^2-2×(이율×3×사율)+사율^2=일률^2

14 甲乙丙丁戊己庚÷甲乙庚己=乙丙
이율^3÷{(이율×3)^2-2×(이율×3×사율)+사율^2}=사율
이율^3=(이율×3)^{2}사율-(이율×6)사율^2+사율^3
1728=1296사율−72사율^2+사율^3
∴ 사율≒1.4473771 조금 넘음

15 일률 = 이율 × 3 − 사율 = 36 − 1.4473771 = 34.5526229
= 정구각형의 대각선

16 $높이 = \sqrt{대각선^2 - (\frac{한\ 변}{2})^2} = \sqrt{34.5526229^2 - 6^2}$
= 34.02769092 조금 모자람 : 수선

17 수선 = 34.02769092 = 고현화,

$고현교 = \frac{밑변^2}{고현화} = \frac{6^2}{34.02769092} \fallingdotseq 1.057961884$

18 고현화 − 고현교 ≒ 34.02769092 − 1.057961884 = 32.96972908
= 32.9697 조금 넘음 = 내접원의 지름,
고현화 + 고현교 ≒ 34.02769092 + 1.057961884 = 35.0856528
= 35.0857 조금 모자람 = 외접원의 지름

19 $내접원의\ 반지름 \times 한\ 변 \times \frac{1}{2} \times 9 = 정구각형의\ 넓이$,

$16.48486454 \times 12 \times \frac{1}{2} \times 9 = 890.1826852 = 890.1827$ 조금 모자람

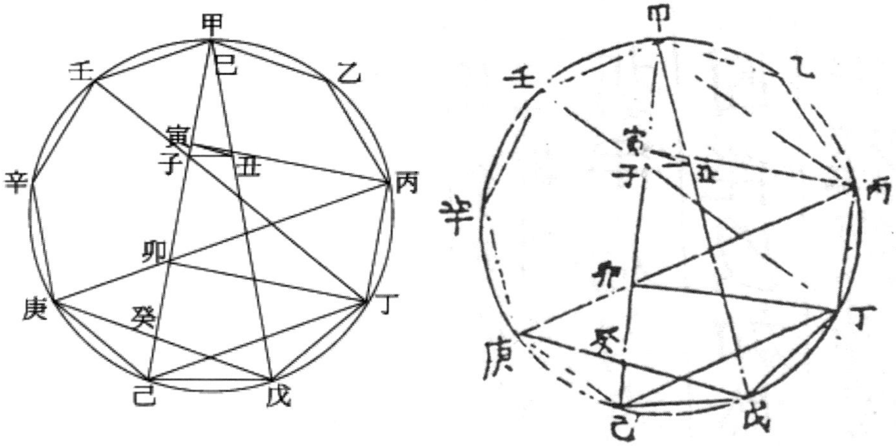

그림과 같은 정구각형 갑을병정무기경신임(甲乙丙丁戊己庚辛壬)이 있다.

네 개의 선 갑무(甲戊), 갑기(甲己), 병경(丙庚), 정임(丁壬)을 그으면 모두 대각선이다.

如甲乙丙丁戊己庚辛壬 九等邊形

作甲戊甲己丙庚丁壬四線 則俱爲對角線

또 선분 무경(戊庚)을 그리면 그 삼각형 갑무기(甲戊己)와 삼각형 무기계(戊己癸)는 각 기(己)를 공통으로 갖는다.
또한 각 무갑기(戊甲己)이 마주보는 호 무기(戊己)와 각 기무계(己戊癸)가 마주보는 호 기경(己庚)이 같으므로 각도는 반드시 같다.[20]
又作戊庚線 則其甲戊己三角形與戊己癸三角形共用一己角
且戊甲己角所對戊己弧與己戊癸角所對己庚弧等 則角度必等

두 삼각형의 두 각이 이미 각각 같으므로, 그 남은 한 각도 또한 반드시 같아서 닮은꼴이 된다.[21]
兩形之各二角旣等 則其餘一角亦必等 而爲同式形

또 변 무기(戊己)와 평행하게 선분 축자(丑子)를 그리면 삼각형 갑축자(甲丑子)의 두 옆 변은 같다.[22]
그런데 삼각형 갑무기(甲戊己)와 각 갑(甲)을 공통으로 가지므로 또한 닮은꼴이 된다.[23]
且與戊己邊平行作丑子線 則甲丑子三角形之兩腰必等
而與甲戊己三角形共用一甲角 亦爲同式形

또 선분 갑병(甲丙)을 선분 정임(丁壬)과 평행하게 그리면 삼각형 갑축자(甲丑子)의 변 갑자(甲子)와 변 병정(丙丁)은 평행하고 두 평행선 안에 서 있어서 그 길이는 반드시 같다.[24]
又作甲丙線與丁壬平行
則甲丑子三角形之甲子邊與丙丁每邊平行 而立於二平行線之內 其度必等

또 삼각형 무기계(戊己癸)의 변 무기(戊己)와도 같으니 합동이 된다.[25]
亦與戊己癸三角形之戊己邊等 而爲相等形

또 선분 무경(戊庚)과 평행하도록 선분 축인(丑寅)을 그리면, 삼각형 축자인(丑子寅)의 변 축자(丑子)는 이미 삼각형 무기계(戊己癸)의 변 무기(戊己)와 평행하고, 변 축인(丑寅)은 또 변 무계(戊癸)와 평행하다.[26]
그리고 모두 선분 갑기(甲己) 위에 세워져서 그 양 변들로 생기는 각은 모두 서로 같아서 또한 닮은꼴이 된다.[27]
又作丑寅線與戊庚平行

則丑子寅三角形之丑子邊旣與戊己癸三角形之戊己邊平行
丑寅邊又與戊癸邊平行
而同立於甲己線上 其兩邊所生之角必俱互等 而亦爲同式形

따라서 대각선 갑기(甲己)와 변 무기(戊己) 혹은 갑자(甲子)의 비는 변 무기(戊己) 혹은 갑자(甲子)와 기계(己癸) 혹은 축자(丑子)의 비와 같고 또 기계(己癸) 혹은 축자(丑子)와 자인(子寅)의 비와도 같다.
그래서 연비례사율이 된다.[28]
故甲己對角線與戊己每邊或甲子之比同於戊己每邊或甲子與己癸或丑子之比 亦同於己癸或丑子與子寅之比
而爲連比例四率

이제 선분 정기(丁己)와 병경(丙庚)을 평행하게 그리면 묘기(卯己)와 변 병정(丙丁)은 평행하고 두 평행선 안에 서 있어서 그 길이는 반드시 같다.[29]
乃作丁己線與丙庚平行
則卯己與丙丁每邊平行 而立於二平行線之內 其度必等

또 두 평행선 병인(丙寅)과 정묘(丁卯)를 그리면 인묘(寅卯)와 변 병정(丙丁)은 평행하고 두 평행선 안에 서 있어서 그 길이는 반드시 같다.[30]
又作丙寅丁卯二平行線
則寅卯與丙丁每邊平行 而立於二平行線之內 其度必等

이 일률 갑기(甲己) 안에 세 개의 이율 갑자(甲子), 인묘(寅卯), 묘기(卯己)가 있으나 사율 인자(寅子)만큼 작다.[31]
是甲己一率內 有甲子寅卯卯己三段二率 而少寅子四率

따라서 연비례사율과 이율이 있을 때 일·사율을 서로 더한 것이 이율을 3배한 것과 같아지는 일·사율을 구하는 방법을 써서 대각선 갑기를 구한다.[32]
故用連比例四率 有二率求一四率使一四率相加與二率三倍等之法
得甲己對角線

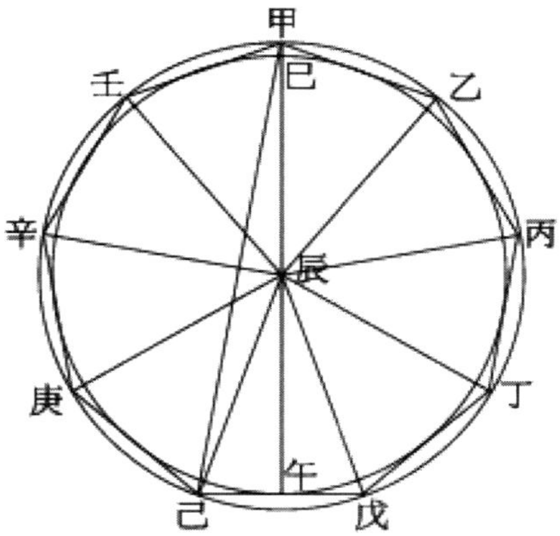

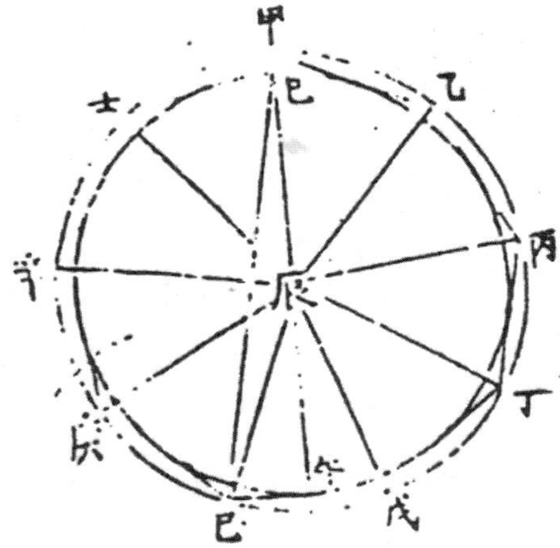

이미 대각선을 얻었으면 마주보는 각에서 변에 이르는 수선을 구한다. [33]

旣得對角線 則求對角至一邊垂線

내접·외접원의 지름과 넓이를 구하는 이치는 모두 정오각형 해법과 같다.
得內函外切圓徑及面積之理倂同五等邊形解

☞ **역자 주 :** 위의 풀이에 표시한 각 계산 과정을 현재의 기호로 나타내면 다음과 같다.

[20] 호戊己＝호己庚, ∴ ∠戊甲己＝∠己戊癸

[21] △甲戊己∽△戊己癸

[22] 甲丑＝甲子

[23] △甲戊己∽△甲丑子

[24] 甲子＝丙丁

[25] 甲子＝戊己, ∴ △甲丑子≡△戊己癸

[26] 戊庚//丑寅, 丑子//戊己, 丑寅//戊癸

[27] △丑子寅∽△戊己癸

28 甲己 : 戊己(=甲子)=戊己 : 己癸(=丑子)=己癸 : 子寅

29 卯己=丙丁=12

30 寅卯=丙丁=12

31 甲己(일률)=甲子(이율)+寅卯(이율)+卯己(이율)-寅子(사율)

32 일률 : 이율=이율 : 삼률=삼률 : 사율,
일률+사율=이율×3,
甲己(일률)=34.5526229=대각선

33 $수선=\sqrt{대각선^2-(\frac{한변}{2})^2}=\sqrt{34.5526229^2-6^2}=34.02769092$

〔1-8〕 정십각형의 한 변이 12척이라고 하자.

문제 **넓이와 내접·외접원의 지름은 얼마인가?**

해답 **넓이 1107척96촌61분 조금 모자람**
내접원의 지름 36척9촌3분2리2호 조금 넘음
외접원의 지름 38척8촌3분2리8호 조금 넘음

設十等邊形每邊十二尺
問 面積及内函外切圓徑各幾何
答曰 面積 一千一百零七尺九十六寸六十一分弱
内函圓徑 三十六尺九寸三分二釐二毫强
外切圓徑 三十八尺八寸三分二釐八毫强

풀이

연비례삼률25)과 중률이 있을 때 중률과 말률을 서로 더한 것이 수율과 같아지는 수율과 말률을 구하는 방법을 쓴다. 1

한 변을 중률로 하면 제곱은 장방적(직사각형 넓이)이 되고 한 변은 장활교(가로와 세로의 차이)가 된다. 2

이차방정식을 써서 풀면 가로를 얻는데, 이것이 연비례의 수율이다. 〔풀이는 정오각형풀이법을 보라.〕 3

25) 여기서는 외접원의 반지름이 수율이고 한 변이 중율이다. 뒤의 10을 보라.

즉 정십각형의 외접원의 반지름이다.[4]
이것을 빗변으로 하고 한 변의 절반을 밑변으로 해서 높이를 구하면 곧 내접원의 반지름이다.[5]
각각을 두 배하면 지름이 된다.[6]
또 내접원의 반지름과 한 변을 서로 곱해서 반으로 나누어 얻은 수에 10배하면 넓이가 된다.[7]

術曰
用連比例三率 有中率求首末率使中末率相加與首率等之法
以每邊爲中率 自乘爲長方積 以每邊爲長闊較
用帶縱平方法開之 得長爲連比例之首率 〔解見五等邊形法〕
卽十等邊形之外切圓半徑也
以爲弦每邊折半爲勾 求得股卽内函圓半徑也
各倍之爲全徑也
且以内函圓半徑與每邊相乘折半 得數十因之爲面積也

☞ **역자 주 :** 풀이에 표시한 각 과정을 현재의 기호로 나타내면 다음과 같다.

[1] 수율 : 중률 = 중률 : 말률,
수율 = 중률 + 말률

[2] 한 변 = 중률 = 12 ,
한 변^2 = 중률^2 = 수율(가로) × 말률(세로) : 장방적
한 변 = 수율(가로) − 말률(세로) : 장활교

[3] 가로 × 세로 = 12^2 = 144 , 가로 − 세로 = 12,
가로^2 − 12가로 = 144, ∴ 가로 ≒ 19.41640786 조금 넘음

[4] 수율 = 19.41640786 = 외접원의 반지름

[5] 높이 = $\sqrt{\text{외접원의 반지름}^2 - \left(\frac{\text{한 변}}{2}\right)^2} = \sqrt{19.41640786^2 - 6^2}$
= 18.4661022 = 내접원의 반지름

[6] 외접원의 지름 = 19.41640786 × 2 = 38.83281572 = 38.8328 조금 넘음,
내접원의 지름 = 18.4661022 × 2 = 36.93220244 = 36.9322 조금 넘음

7 내접원의 반지름×한 변× $\frac{1}{2}$ ×10=정십각형의 넓이

$18.4661022 \times 12 \times \frac{1}{2} \times 10 = 1107.966073 = 1107.9661$ 조금 모자람

그림과 같은 정십각형 갑을병정무기경신임계(甲乙丙丁戊己庚辛壬癸)가 있다.
두 개의 각을 나누는 선 자기(子己)와 자경(子庚)을 그리면 모두 외접원의 반지름이 된다.[8]
如甲乙丙丁戊己庚辛壬癸 十等邊形
作子己子庚二分角線 則俱爲外切圓半徑

또 선분 기임(己壬)을 그리면 삼각형 자기경(子己庚)과 삼각형 기경축(己庚丑)은 각 경(庚)을 공통으로 갖는다.
중심각 기자경(己子庚)이 마주보는 호 기경(己庚)은 경계각 경기축(庚己丑)이 마주보는 호 경임(庚壬)의 반이다.
따라서 그 각도는 반드시 같고, 두 삼각형의 두 각이 이미 각각 같으므로 그 나머지 한 각도 반드시 같아서 닮은꼴이 된다.[9]
又作己壬線 則子己庚三角形與己庚丑三角形共用一庚角
又己子庚心角所對己庚弧爲庚己丑界角所對庚任弧之半
故角度必等兩形之各二角旣等 則其與一角亦必等 而爲同式形

따라서 분각선 자경(子庚)과 변 기경(己庚)의 비는 변 기경(己庚)과 경축(庚丑)의 비와 같다.
그래서 연비례삼률이 된다.[10]

故子庚分角線與己庚每邊之比同於己庚每邊與庚丑之比
而爲連比例三率

또 삼각형 자기경(子己庚)의 각 자(子)가 마주보는 호는 전체 원의 10분의1이어서 각은 36°가 된다.
세 각의 합 180°에서 빼면 144°가 남는다.
즉 두 각 기(己)와 경(庚)은 반드시 각각 72°가 되어 각 자(子)의 배수이다.[11]
且子己庚三角形之子角所對弧係全圓十分之一 爲三十六度
以減於三角共度一百八十度 餘一百四十四度
則己庚二角必各七十二度 爲子角之倍數

그런데 이제 각 경기축(庚己丑)과 이미 각 자(子)가 같으므로 삼각형 자기축(子己丑)의 각 기(己) 역시 각 자(子)와 같고, 그에 대응되는 두 변 자축(子丑)과 기축(己丑) 역시 같다.[12]
기축(己丑)과 변 기경(己庚)은 원래 이등변 삼각형 경기축(庚己丑)의 두 옆변이어서 그 길이가 자연히 같다.
이 수율 자경(子庚)과 중률 자축(子丑) 및 말률 축경(丑庚)을 서로 더한 수는 같다.[13]
而今庚己丑角旣與子角等 則子己丑三角形之己角亦必與子角等
而所對之子丑己丑二邊亦必等
己丑與己庚每邊原爲庚己丑兩邊相等三角形之兩腰 其度自等
是子庚首率與子丑中率及丑庚末率相倂之數等也

따라서 연비례삼률과 중률이 있을 때 중률과 말률을 서로 더한 것이 수율과 같아지는 수율과 말률을 구하는 방법을 써서 외접원의 반지름 자경(子庚)을 얻는다.[14]
故用連比例三率 有中率求首末率使中末率相加與首率等之法
得子庚外切圓半徑

이미 외접원의 반지름을 얻었으면 내접원의 반지름을 구하는 이치는 정육각형 해법과 같다.
旣得外切圓半徑 則求得內函圓徑之理同六等邊形解

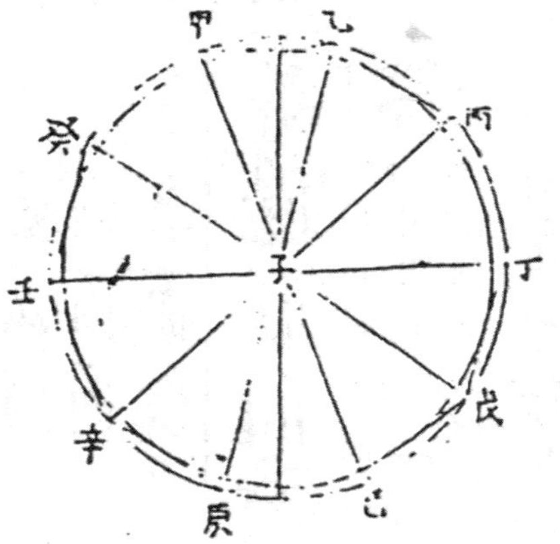

넓이를 구하는 이치는 정오각형 해법과 같다.
求面積之理同五等邊形解

☞ **역자 주 :** 위의 풀이에 표시한 각 계산 과정을 현재의 기호로 나타내면 다음과 같다.

⑧ 子己＝子庚＝외접원의 반지름

⑨ 호己庚＝호庚任×$\frac{1}{2}$,　∴ ∠己子庚＝∠庚己丑,
△子己庚∽△己庚丑

⑩ 子庚 : 己庚＝己庚 : 庚丑

⑪ ∠子＝36°, ∠己＝72°, ∠庚＝72°

⑫ ∠庚己丑＝∠子＝36°,　∴ ∠子己丑＝∠子＝36°
子丑＝己丑

⑬ 子庚(수율)＝子丑(중률)＋丑庚(말률)

⑭ 子丑 : 己庚＝己庚 : 庚丑,
子庚(수율)＝子丑(중률)＋丑庚(말률).
∴ 子庚≒19.41640786 조금 넘음

〔1-9〕 넓이가 144척인 정삼각형이 있다고 하자.

문제 한 변은 얼마인가?

해답 18척2촌3분6리1호 조금 모자람

設三等邊形面積一百四十四尺
問 每邊幾何
答曰 十八尺二寸三分六釐一毫弱

풀이

넓이를 두 배해서 제곱한 후에 4를 곱하고 3으로 나누어 얻은 수〔110592〕는 네제곱이 된다.
네제곱근을 써서 풀면 한 변이 된다. [1]
術曰
面積倍之 自乘四因三歸 得數〔十一萬零五百九十二〕爲三乘方積26)
用三乘方法 開之 爲每邊也

☞ **역자 주 :** 풀이에 표시한 각 과정을 현재의 기호로 나타내면 다음과 같다.

[1] $(\text{넓이}\times 2)^2\times \dfrac{4}{3}=110592=\text{한 변}^4$,

한 변$=\sqrt[4]{110592}=18.23605646=18.2361$ 조금 모자람

넓이를 두 배하면 한 변과 중수선을 서로 곱한 수가 된다. [2]
이것을 제곱하면 한 변을 제곱한 수와 중수선을 제곱한 수를 서로 곱한 수가 된다. [3]
한 변을 제곱한 수에서 한 변의 절반을 제곱한 수를 빼고 남은 것은 중수선을 제곱한 수가 된다.
즉 중수선을 제곱한 수는 반드시 한 변을 제곱한 수의 4분의 3이다. [4]
따라서 한 변을 제곱한 수와 중수선을 제곱한 수를 서로 곱한 수에 4를 곱하고 3으로 나누면 한 변의 네제곱이 된다. [5]
面積倍之 爲每邊與中垂線相乘數
仍自乘 則爲每邊自乘數與中垂線自乘數相乘數也
夫每邊自乘數内減每邊折半自乘數 餘爲中垂線自乘數
則中垂線自乘數必爲每邊自乘數四分之三
故以每邊自乘數與中垂線自乘數相乘之數四因三歸 爲每邊三乘方積也

---

26) 삼승방적은 세제곱이 아니라 네제곱이다.

☞ **역자 주 :** 위의 풀이에 표시한 각 계산 과정을 현재의 기호로 나타내면 다음과 같다.

[2] [1-1]에서, 중수선×한 변× $\frac{1}{2}$ =정삼각형 넓이.
넓이×2=한 변×중수선=288

[3] (넓이×2)^2=한 변^2×중수선^2=82944

[4] 한 변^2− ($\frac{\text{한 변}}{2}$)^2=중수선^2,
중수선^2=한 변^2× $\frac{3}{4}$

[5] 한 변^2×중수선^2× $\frac{4}{3}$ =한 변^4,
82944× $\frac{4}{3}$ =110592,
한 변= $\sqrt[4]{110592}$ =18.23605646=18.2361 조금 모자람

〔1-10〕 넓이가 144척인 정사각형이 있다고 하자.
문제 한 변은 얼마인가?
해답 12척
設四等邊形面積一百四十四尺
問 每邊幾何
答曰 十二尺

풀이
넓이는 제곱이다.
제곱근을 써서 풀면 한 변이 된다.[1]
術曰
以面積爲正方積27)
用平方法 開之 爲每邊也

27) 정방적은 제곱과 같다.

☞ **역자 주 :** 풀이에 표시한 과정을 현재의 기호로 나타내면 다음과 같다.

[1] 넓이 = 144 = 한 변^2,
한 변 = $\sqrt{넓이}$ = $\sqrt{144}$ = 12

〔1-11〕 넓이가 144척인 정오각형이 있다고 하자.
문제 한 변은 얼마인가?
해답 9척1촌4분8리6호 조금 넘음[28)]
設五等邊形面積一百四十四尺
問 每邊幾何
答曰 九尺一寸四分八釐六毫强

풀이
넓이를 5로 나누고 4를 곱한 후 제곱해서 얻은 수는 장방적(직사각형 넓이)이 된다.[1]
넓이를 5로 나누고 4를 곱해서 얻은 수는 장활교(가로와 세로의 차이)가 된다.[2]
이차방정식을 써서 풀면 가로〔186척3촌9분7리4호7사6홀6미8섬 조금 넘음〕를 얻는데, 대각선과 내접원의 지름을 서로 곱한 수이다.[3]
이에 제곱해서 얻은 수에서 넓이를 5로 나누고 2를 곱해서 제곱한 수를 뺀다.[4]
남은 것을 제곱근을 써서 풀어 얻은 수〔177척2촌7분4리5호3사0홀9미2섬 조금 넘음〕는 마주보는 각에서 변에 이르는 수선과 내접원의 지름을 서로 곱한 수가 된다.[5]
그것으로 넓이를 5로 나누고 2를 곱해서 제곱한 수를 나눈다. 얻은 수를 마주보는 각에서 변에 이르는 수선과 내접원의 지름을 서로 곱한 수에서 뺀다.[6]
남은 것은 제곱근을 써서 풀면 내접원의 지름〔12척5촌9분2리0호2사7홀3미2섬 조금 넘음〕을 얻는다.[7]
넓이를 5로 나누고 4를 곱한 수를 나누면 한 변이 된다.[8]

28) 이것은 오답이다. 정답과의 오차가 크다.

術曰
面積五歸四因自乘 得數爲長方積
面積五歸四因 得數爲長闊較
用帶縱平方法 開之 得長〔一百六十六尺三寸九分七釐四毫七絲六忽六微八纖强〕
爲對角線與內容圓徑相乘數
仍自乘數 得數內減面積五歸二因自乘數 餘用平方法 開之
得數〔一百七十七尺二寸七分四釐五毫三絲零九微二纖强〕爲對角線至一邊垂線與內容圓徑相乘數
以除面積五歸二因自乘數 得數以減於對角至一邊垂線與內容圓徑相乘數
餘用平方法 開之 得內容圓徑〔十二尺五寸九分二釐零二絲七忽三微二纖强〕
以除面積五歸四因數 爲每邊也

☞ **역자 주 :** 풀이에 표시한 각 과정을 현재의 기호로 나타내면 다음과 같다.

1 $(\text{넓이} \times \frac{4}{5})^2 = (144 \times \frac{4}{5})^2 = 13271.04$: 장방적＝가로×세로

2 $\text{넓이} \times \frac{4}{5} = 115.2$: 장활교＝가로－세로

3 $\text{가로}^2 - 115.2\text{가로} = 13271.04$,
∴ 가로≒186.39747668[29]＝대각선×내접원의 지름

4 $\text{대각선}^2 \times \text{내접원의 지름}^2 - (\text{넓이} \times \frac{2}{5})^2$
$= (186.39747668)^2 - (57.6)^2 = 31426.25928$

5 $\sqrt{31426.25928} = 177.27453092$＝수선×내접원의 지름

6 $\text{수선} \times \text{내접원의 지름} - \frac{(\text{밑변} \times \text{내접원의 지름})^2}{\text{수선} \times \text{내접원지름}}$
$= 177.27453092 - \frac{(57.6)^2}{177.27453092} = 158.5591521$
$= (\text{수선} - \frac{\text{밑변}^2}{\text{수선}})\text{내접원의 지름} = \text{내접원의 지름} \times \text{내접원의 지름}$

29) 가로≒186.39747668이 아니라 186.3975155이다. 그러므로 이하의 계산은 모두 오차가 크다.

7 내접원의 지름 $= \sqrt{158.5591521} = 12.59202732$ 조금 넘음

8 $\dfrac{\text{넓이} \times \frac{4}{5}}{\text{내접원의 지름}} = \dfrac{\text{내접원의 지름} \times \text{한 변}}{\text{내접원의 지름}} = \dfrac{115.2}{12.59202732} = \text{한 변}$

무릇 같은 높이인 것의 넓이들은 그 비례가 밑변의 비례와 같다.30) 따라서 넓이를 5로 나누고 4를 곱하면 한 변과 내접원의 지름을 서로 곱한 넓이를 얻고 중률이 된다.9
凡面積之同高者其比例同於低邊之比例
故面積五歸四因 得每邊與内容圓徑相乘面 爲中率

연비례삼률과 중률이 있을 때 중률과 말률을 서로 더한 것이 수율과 같아지는 수율과 말률을 구하는 방법을 쓴다.10
用連比例三率 有中率求首末率使中末率相加與首率等之法

수율을 얻으면 대각선과 내접원의 지름을 서로 곱한 넓이가 되는데 그것을 빗변으로 삼는다.
넓이를 5로 나누고 2를 곱하면 한 변을 반으로 나눈 수와 내접원의 지름을 서로 곱한 넓이를 얻는데 그것을 밑변으로 한다.
높이를 구하면, 마주보는 각에서 변에 이르는 수선과 내접원의 지름을 서로 곱한 넓이가 된다.11
得首率 爲對角線與内容圓徑相乘面 以爲弦
面積五歸二因 得每邊折半數内容圓徑相乘面 以爲勾
求得股 爲對角至一邊垂線與内容圓徑相乘面

이제 이것은 고현화31)가 되는데, 한 변을 반으로 나눈 수와 내접원의 지름을 서로 곱한 넓이를 밑변으로 해서, 고현교를 구한다.12
仍爲股弦和 以每邊折半數與内容圓徑相乘面爲勾 求得股弦較

그것을 고현화에서 빼고 남은 것은 내접원의 지름을 제곱한 넓이가 되는데 제곱근을 풀어, 한 변과 내접원의 지름을 서로 곱한 것을 나누면

30) 여기서 넓이라는 것은 a×b로 표현되는 모든 계산을 말한다. 따라서 위의 말은 a×b : c×b = a : c라는 뜻이다. 예를 들어 다음과 같이 사용된다.
대각선 : 한 변 = 대각선×내접원의 지름 : 한 변×내접원의 지름
31) 여기서 고현화는 작은 직각삼각형의 고현화×내접원의 지름이다.

한 변을 얻는다. [13]

以減於股弦和 餘爲内容圓徑自乘面 開方 得内容圓徑

以除每邊與内容圓徑相乘面 得每邊也

☞ **역자 주 :** 위의 풀이에 표시한 각 계산 과정을 현재의 기호로 나타내면 다음과 같다.

[9] [1-3]에서, 내접원의 반지름 × 한 변 × $\frac{1}{2}$ × 5 = 정오각형의 넓이,

넓이 × $\frac{4}{5}$ = 115.2 = 한 변 × 내접원의 지름 = 중률

[10] 수율 : 중률 = 중률 : 말률,
수율 = 중률 + 말률

[11] 수율 = 대각선 × 내접원의 지름 = 186.39747668 : 빗변,
넓이 × $\frac{2}{5}$ = $\frac{\text{한변}}{2}$ × 내접원의 지름 = 57.6 : 밑변,
높이 = $\sqrt{(186.39747668)^2 - (57.6)^2}$ = 177.27453092 = 수선 × 내접원의 지름

[12] 수선 × 내접원의 지름 = 177.27453092 : 고현화,

$$\text{고현교} = \frac{\text{밑변}^2}{\text{고현화}} = \frac{(\frac{\text{한 변}}{2} \times \text{내접원의 지름})^2}{\text{수선} \times \text{내접원의 지름}}$$

$$= \frac{(57.6)^2}{177.27453092} = 18.71537881$$

[13] 고현화 − 고현교 = 177.27453092 − 18.71537881

$$= \text{수선} \times \text{내접원의 지름} - \frac{(\frac{\text{한 변}}{2} \times \text{내접원의지름})^2}{\text{수선} \times \text{내접원의 지름}}$$

$$= (\text{수선} - \frac{(\frac{\text{한 변}}{2})^2}{\text{수선}})\text{내접원의 지름}$$

= 내접원의 지름 × 내접원의 지름 = 158.5591521,

내접원의 지름 = $\sqrt{158.5591521}$ = 12.59202732 조금 넘음,

$$\frac{\text{넓이} \times \frac{4}{5}}{\text{내접원의 지름}} = \frac{\text{내접원의 지름} \times \text{한 변}}{\text{내접원의 지름}} = \frac{115.2}{12.59202732} = \text{한 변}$$

〔1-12〕 넓이가 144척인 정육각형이 있다고 하자.

문제 한 변은 얼마인가?

해답 7척4촌4분5리5호 조금 넘음[32)]

設六等邊形面積一百四十四尺

問 每邊幾何

答曰 七尺四寸四分五釐五毫强

풀이

넓이를 3으로 나누어 제곱해서 4인3귀하면 얻는 수〔3,072〕는 네제곱이 된다.

네제곱근을 써서 풀면 한 변이 된다.[1]

術曰

積面三歸自乘四因三歸 得數〔三千零七十二〕爲三乘方積

用三乘方法 開之 爲每邊也

☞ **역자 주 :** 풀이에 표시한 각 과정을 현재의 기호로 나타내면 다음과 같다.

[1] $(\text{넓이}\times\frac{1}{3})^2\times\frac{4}{3}=3072=\text{한 변}^4$,

$\text{한 변}=\sqrt[4]{3072}=7.444838873$

정육각형 넓이는 원래 변이 서로 같은 정삼각형 넓이의 6배이다.[2]

따라서 3으로 나누면 정삼각형의 넓이를 두 배한 수를 얻는다.[3]

이에 정삼각형에서 변을 구하는 법을 이용한다.

六等邊形面積原爲邊線相等三等邊形面積之六倍

故三歸 得三等邊形面積倍之數

仍用三等邊形求邊法也

☞ **역자 주 :** 풀이에 표시한 각 계산 과정을 현재의 기호로 나타내면 다음과 같다.

[2] 정육각형의 넓이$=144=$정삼각형의 넓이$\times6$

---

32) 네제곱근을 잘못 구했기 때문에 오차가 비교적 크다. 정답은 7척4촌4분8리4호 조금 모자람.

[3] 정육각형의 넓이$\times \frac{1}{3}$=48=정삼각형의 넓이$\times$2

〔1-13〕 넓이가 144척인 정칠각형이 있다고 하자.

문제 한 변은 얼마인가?

해답 6척2촌9분5리 조금 모자람

設七等邊形面積一百四十四尺

問 每邊幾何

答曰 六尺二寸九分五釐弱

풀이

넓이를 7로 나누고 4를 곱해서 세제곱한 수는 입방적[33]이 된다.[1]

넓이를 7로 나누고 4를 곱해서 제곱하고 두 배해서 얻은 수는 정방법이 된다.[2]

넓이를 7로 나누고 4를 곱해서 얻은 수는 정렴법이 된다.[3]

1은 부우법이 된다.[4]

삼차방정식을 써서 풀어 얻은 수로 넓이에 7귀4인해서 제곱한 수를 나누어 얻은 수〔184척8촌9분4리3호2사6홀7미7섬 조금 넘음〕는 대각선과 내접원의 지름을 서로 곱한 수가 된다.[5]

이에 제곱해서 얻은 수에서 넓이에 7귀2인해서 제곱한 수를 뺀다.[6]

남은 것을 제곱근을 써서 풀어 얻은 수〔180척2촌5분8리6호3사5홀 조금 넘음〕는 마주보는 각에서 변에 이르는 수선과 내접원의 지름을 서로 곱한 수가 된다.[7]

그것으로 넓이에 7귀2인해서 제곱한 수를 나누어 얻은 수를 마주보는 각에서 변에 이르는 수선과 내접원의 지름을 서로 곱한 수에서 뺀다.[8]

남은 것은 제곱근을 써서 풀면 내접원의 지름〔13척0촌7분1리6호5사0홀4미5섬 조금 넘음〕을 얻고, 그것으로 넓이 7귀4인한 수를 나누면 한 변이 된다.[9]

術曰

面積七歸四因自乘再乘 得數爲立方積

33) 마찬가지로 삼차방정식을 기하적으로 이해한 것이다.

面積七歸四因自乘 倍之 得數爲正方法
面積七歸四因 得數爲正廉法
一爲負隅法
用帶縱立方法開之 得數以除面積七歸四因自乘數
得數〔一百八十四尺八寸九分四釐三毫二絲六忽七微七纖强〕爲對角線與內容圓徑相乘數
仍自乘 得數內減面積七歸二因自乘數
餘用平方法開之 得數〔一百八十尺二寸五分八釐六毫三絲五忽强〕爲對角至一邊垂線與內容圓徑相乘數
以除面積七歸二因自乘數 得數以減於對角至一邊垂線與內容圓徑相乘數
餘用平方法開之 得內容圓徑〔十三尺零七分一釐六毫五絲零四微五纖强〕
以除面積七歸四因數 爲每邊也

☞ **역자 주 :** 풀이에 표시한 각 과정을 현재의 기호로 나타내면 다음과 같다.

1 [1-5]에서, 내접원의 반지름×한 변×$\frac{1}{2}$×7=정칠각형의 넓이,

넓이×$\frac{4}{7}$=한 변×내접원의 지름(=이율)

(넓이×$\frac{4}{7}$)^3=(144×$\frac{4}{7}$)^3=557151.5335 : 입방적

2 (넓이×$\frac{4}{7}$)^2×2=(144×$\frac{4}{7}$)^2×2=13541.87755 : 정방법

3 넓이×$\frac{4}{7}$=144×$\frac{4}{7}$=82.28571429 : 정렴법

4 1 : 부우법

5 $557151.5335 = 13541.87755\,x + 82.28571429\,x^2 - x^3$,

∴ $x ≒ 36.620587$ [34]

$$\frac{(\text{넓이}\times\frac{4}{7})^2}{x} = \frac{(82.28571429)^2}{36.620587}$$

=184.89432677=대각선 ×내접원의 지름

34) 36.620588에 더 가깝지만 무시할 수 있는 오차이다.

[6] $(\text{대각선} \times \text{내접원의 지름})^2 - (\text{넓이} \times \frac{2}{7})^2$
$= (184.89432677)^2 - (41.14285715)^2 = 32493.17735$

[7] $\sqrt{32493.17735} = 180.258635$[35] $= \text{수선} \times \text{내접원의 지름}$

[8] $180.258635 - \frac{(41.14285715)^2}{180.258635} = 170.8680463 = (\text{내접원의 지름})^2$

[9] $\text{내접원의 지름} = \sqrt{170.8680463} = 13.07165048$,

$$\frac{\text{넓이} \times \frac{4}{7}}{\text{내접원의 지름}} = \frac{\text{내접원의 지름} \times \text{한 변}}{\text{내접원의지름}} = \frac{82.28571429}{13.07165048}$$
$= \text{한 변} = 6.294975115 = 6.295$ 조금 모자람

이것은 연비례사율과 이율이 있을 때 일률과 사율 서로 더한 것이 이율을 두 배해서 삼률을 더한 것과 같아지는 일·삼·사율을 찾는 방법을 쓴다.[10]
此用連比例四率 有二率求一三四率使一率與四率相加與二率倍之再加三率等之法

그런데 넓이비례의 이치는 정오각형 넓이에서 한 변을 구하는 법과 같다.
而面積比例之理並同五等邊形面積求每邊法

☞ **역자 주 :** 위의 풀이에 표시한 각 계산 과정을 현재의 기호로 나타내면 다음과 같다.

[10] 일률 : 이율 = 이율 : 삼률 = 삼률 : 사율,
일률 + 사율 = 이율 × 2 + 삼률

〔1-14〕 넓이가 144척인 정팔각형이 있다고 하자.
문제 한 변은 얼마인가?
해답 5척4촌6분1리1호 조금 모자람
設八等邊形面積一百四十四尺

35) 갑자기 맞는 답으로 돌아왔다.

問　每邊幾何
答曰 五尺四寸六分一釐一毫弱

풀이

넓이의 절반을 제곱해서 얻은 수는 장방적(직사각형 넓이)이 된다.[1]
넓이는 장활교(가로와 세로의 차이)가 된다.[2]
이차방정식을 써서 풀면 세로〔29척8촌2분3리3호7사6홀4미9섬 조금 넘음〕를 얻는데, 한 변을 제곱한 수가 된다.[3]
제곱근을 써서 풀면 한 변이 된다.[4]
術曰 面積折半自乘 得數爲長方積
面積爲長闊較
用帶縱平方法 開之 得濶〔二十九尺八寸二分三釐三毫七絲六忽四微九纖强〕爲每邊自乘數
用平方法 開之 爲每邊也

☞ **역자 주 :** 풀이에 표시한 각 과정을 현재의 기호로 나타내면 다음과 같다.

[1] $(\text{넓이}\times\frac{1}{2})^2=(144\times\frac{1}{2})^2=72^2=5184$: 장방적＝가로×세로

[2] 넓이＝144 : 장활교＝가로－세로

[3] $\text{세로}^2+144\times\text{세로}=5184$,
$\therefore$ $\text{세로}\fallingdotseq 29.82337649=\text{한 변}^2$

[4] $\text{한 변}=\sqrt{29.82337649}=5.461078327=5.4611$ 조금 모자람

또한 넓이비례36)이다.
넓이를 반으로 나누면 한 변과 내접원의 지름을 서로 곱한 넓이를 얻고 수율이 된다.[5]
此亦面積比例也
面積折半 得每邊與內容圓徑相乘面 爲首率

연비례삼률과, 수율이 있을 때 중률을 두 배해서 다시 말률을 더한 것

36) 여기서는 내접원의 지름×한 변 : 한 변×한 변 = 내접원의 지름 : 한 변을 뜻한다.

이 수율과 같아지는 중률과 말률을 찾는 방법을 쓴다.[6]
用連比例三率 有首率求中末率使中率倍之再加末率與首率等之法

중률을 얻으면 한 변을 제곱한 넓이가 된다.
이에 제곱근을 풀면 한 변을 얻는다.[7]
得中率爲每邊自乘面
仍開方 得每邊也

☞ **역자 주 :** 위의 풀이에 표시한 각 계산 과정을 현재의 기호로 나타내면 다음과 같다.

[5] [1-6]에서, 내접원의 반지름×한 변× $\frac{1}{2}$ ×8=정팔각형의 넓이,

넓이× $\frac{1}{2}$ =한 변×내접원의 지름(=이율)

넓이× $\frac{1}{2}$ =72=한 변×내접원의 지름=수율

[6] 수율 : 중률=중률 : 말률,　　수율=중률×2+말률,
중률^2+144중률=5184,　　∴ 중률=29.82337649=한 변^2

[7] 한 변=$\sqrt{29.82337649}$=5.461078327=5.4611 조금 모자람

〔1-15〕 넓이가 144척인 정구각형이 있다고 하자.
문제 한 변은 얼마인가?
해답 4척8촌2분6리4호 조금 모자람
設九等邊形面積一百四十四尺
問　每邊幾何
答曰 四尺八寸二分六釐四毫弱

풀이
넓이를 9로 나누고 4를 곱해서 세제곱한 수는 입방적이 된다.[1]
넓이를 9로 나누고 4를 곱해서 이에 3배해서 제곱하고 얻은 수는 정방법이 된다.[2]
넓이를 9로 나누고 4를 곱해서 이에 6배해서 얻은 수는 부렴법이 된

다.[3]

1은 정우법이 된다.[4]

이차방정식을 써서 풀어 얻은 수를, 넓이를 9로 나누고 4를 곱해서 이에 3배한 수에서 빼고 남은 수〔184척2촌8분0리6호5사5홀1미6섬 조금 넘음〕는 대각선과 내접원의 지름을 서로 곱한 수가 된다.[5]

이에 제곱해서 얻은 수에서 넓이를 9로 나누고 2를 곱해서 제곱한 수를 뺀다.[6]

남은 것을 제곱근을 써서 풀어 얻은 수〔181척4촌8분1리0호1사7홀7미4섬 조금 넘음〕는 마주보는 각에서 변에 이르는 수선과 내접원의 지름을 서로 곱한 수가 된다.[7]

넓이를 9로 나누고 2를 곱해서 제곱한 수를 나눈다. 얻은 수를 마주보는 각에서 변에 이르는 수선과 내접원의 지름을 서로 곱한 수에서 뺀다.[8]

남은 것은 제곱근을 써서 풀면 내접원의 지름〔13척2촌6분0리4호1사3홀0미5섬 조금 넘음〕을 얻는다.[9]

그것으로 넓이를 9로 나누고 4를 곱한 수를 나누면 한 변이 된다.[10]

術曰

面積九歸四因自乘再乘 得數爲立方積

面積九歸四因 仍三因自乘 得數爲正方法

面積九歸四因 仍六因 得數爲負廉法

一爲正隅法

用帶縱立方法 開之 得數以減於面積九歸四因仍三因數

餘〔一百八十四尺二寸八分零六毫五絲五忽一微六纖强〕爲對角線與内容圓徑相乘數

仍自乘得數内減面積九歸二因自乘數

餘用平方法 開之 得數〔一百八十一尺四寸八分一釐零一絲七忽七微四纖强〕爲對角至一邊垂線與内容圓徑相乘數

以除面積九歸二因自乘數 得數以減於對角至一邊垂線與内容圓徑相乘數

餘用平方法 開之 得内容圓徑〔十三尺二寸六分零四毫一絲三忽零五纖强〕

以除面積九歸四因數 爲每邊也

☞ **역자 주** : 풀이에 표시한 각 과정을 현재의 기호로 나타내면 다음과 같다.

[1] (넓이 $\times \frac{4}{9})^3 = (144 \times \frac{4}{9})^3 = 64^3 = 262144$: 입방적

[2] (넓이 $\times \frac{4}{9} \times 3)^2 = (144 \times \frac{4}{9} \times 3)^2 = 36864$: 정방법

[3] 넓이 $\times \frac{4}{9} \times 6 = 64 \times 6 = 384$: 부렴법

[4] 1 : 정우법

[5] $262144 = 36864x - 384x^2 + x^3$,

$\therefore \ x \fallingdotseq 7.7193449$ [37]),

넓이 $\times \frac{4}{9} \times 3 - 7.7193449 = 184.28065516$

= 대각선 × 내접원의 지름

[6] (대각선 × 내접원의 지름)^2 − (넓이 $\times \frac{2}{9})^2$

= (대각선 × 내접원의 지름)^2 − ($\frac{\text{한 변}}{2}$ × 내접원의 지름)^2

= (수선 × 내접원의 지름)^2

$= 184.28065516^2 - 32^2 = 32935.35984$

[7] 수선 × 내접원의 지름 $= \sqrt{32935.35984} = 181.4810179$

[8] 수선 × 내접원의 지름 − $\dfrac{(\frac{\text{한 변}}{2} \times \text{내접원의 지름})^2}{\text{수선} \times \text{내접원의 지름}}$

= 수선 × 내접원의 지름 − $\dfrac{(\text{넓이} \times \frac{2}{9})^2}{\text{수선} \times \text{내접원의 지름}}$

$= 181.4810179 - 5.642463399 = 175.8385543$ = (내접원의 지름)^2

[9] 내접원의 지름 $= \sqrt{175.8385543} = 13.26041305$

[10] $\dfrac{\text{넓이} \times \frac{4}{9}}{\text{내접원의 지름}} = \dfrac{\text{내접원의 지름} \times \text{한 변}}{\text{내접원의 지름}} = \dfrac{64}{13.26041305}$

= 한 변 $= 4.82639566 = 4.8264$ 조금 모자람

---

37) 7.7193449가 아니라 7.71934454이다. 무시될 수 있는 오차이다.

이것은 연비례사율과, 이율이 있을 때 일률과 사율 서로 더한 것이 이율 3배한 것과 같아지는 일·사율을 찾는 방법을 쓴다.[11]
此用連比例四率 有二率求一四率使一率與四率相加與二率三倍等之法

그런데 넓이비례의 이치는 정오각형 넓이에서 한 변을 구하는 방법과 같다.
而面積比例之理並同五等邊形面積求每邊法

☞ **역자 주:** 위의 풀이에 표시한 각 계산 과정을 현재의 기호로 나타내면 다음과 같다.

[11] 일률 : 이율 = 이율 : 삼률 = 삼률 : 사율,
일률 + 사율 = 이율 × 3

〔1-16〕 넓이가 144척인 정십각형이 있다고 하자.
문제 **한 변은 얼마인가?**
해답 **4척3촌2분6리1호 조금 넘음**
設十等邊形面積一百四十四尺
問 每邊幾何
答曰 四尺三寸二分六釐一毫强

풀이
넓이에 10귀2인해서 제곱하여 얻은 수는 장방적이 된다.[1]
넓이를 10귀2인해서 얻은 수는 장활교가 된다.[2]
이차방정식을 써서 풀면 가로〔46척5촌9분9리3호7사8홀8미8섬 조금 모자람〕를 얻고, 외접원의 반지름과 내접원의 반지름을 서로 곱한 것이 된다.[3]
이에 제곱해서 얻은 수에서 넓이를 10으로 나누어 제곱한 수를 뺀다.[4]
남은 것을 네제곱근을 써서 풀면 내접원의 반지름〔6척6촌5분7리2호2사4홀8미 조금 모자람〕을 얻는다.[5]
그것으로 넓이에 10귀2인한 수를 나누면 한 변이 된다.[6]
術曰
面積十歸二因自乘 得數爲長方積

面積十歸二因 得數爲長闊較
用帶縱平方法 開之 得長〔四十六尺五寸九分九釐三毫七絲八忽八微八纖弱〕
爲外切圓半徑與內容圓半徑相乘數
仍自乘得數內減面積十歸自乘數
餘用三乘方法開之 得內容圓半徑〔六尺六寸五分七釐二毫二絲四忽八微弱〕
以除面積十歸二因數 爲每邊也

☞ **역자 주 :** 풀이에 표시한 각 과정을 현재의 기호로 나타내면 다음과 같다.

1 $(\text{넓이}\times\frac{2}{10})^2=(144\times\frac{2}{10})^2=829.44$: 장방적＝가로×세로

2 $\text{넓이}\times\frac{2}{10}=28.8$: 장활교＝가로－세로

3 $\text{가로}^2-28.8\times\text{가로}=829.44$,
$\therefore$ 가로≒46.59937888＝외접원의 반지름×내접원의 반지름

4 $(\text{외접원의 반지름}\times\text{내접원의 반지름})^2-(\text{넓이}\times\frac{1}{10})^2$
$=(\text{외접원의 반지름}\times\text{내접원의 반지름})^2-(\frac{\text{한 변}}{2}\times\text{내접원의 반지름})^2$
$=46.59937888^2-14.4^2=1964.142112=(\text{내접원의 반지름})^4$

5 내접원의 반지름＝ $\sqrt[4]{1964.142112}=6.657224868$

6 $\frac{\text{넓이}\times\frac{2}{10}}{\text{내접원반지름}}=\frac{\text{내접원반지름}\times\text{한 변}}{\text{내접원반지름}}=\frac{28.8}{6.6572248}$
$=\text{한 변}=4.326127007=4.3261$ 조금 넘음

이것 역시 넓이의 비례이다.
넓이를 10으로 나누고 2를 곱해서 한 변과 내접원의 반지름을 서로 곱한 넓이를 얻으면 중률이 된다.[7]
此亦面積比例也
面積十歸二因 得每邊與內容圓半徑相乘面 爲中率

연비례삼률과 중률이 있을 때 중률과 말률을 더한 것이 수율과 같아지는 수율과 말률을 찾는 법을 쓴다.[8]

用連比例三率 有中率求首末率(使中末率)相加與首率等之法

수율을 얻으면 외접원의 반지름과 내접원의 반지름을 서로 곱한 넓이가 되는데 그것을 빗변으로 하고, 넓이를 10으로 나누면 한 변의 절반과 내접원의 반지름을 서로 곱한 넓이가 되는데 그것을 밑변으로 해서, 높이를 구하면 내접원의 반지름을 제곱한 넓이가 된다.[9]
得首率 爲外切圓半徑與內容圓半徑相乘面 以爲弦
面積十歸 得每邊折半數與內容圓半徑相乘面 以爲勾
求得股 爲內容圓半-徑自乘面

평방을 풀면 내접원의 반지름을 얻는다. 그것으로 한 변과 내접원의 반지름을 서로 곱한 것을 나누면 한 변을 얻는다.[10]
開方 得內容圓半徑 以除每邊與內容圓半徑相乘面 得每邊也

또 두 차례의 제곱은 네제곱과 같다.
따라서 밑변과 빗변을 각각 제곱해서 서로 뺀 후 곧 네제곱근을 쓰면 내접원의 반지름을 얻는다.[11]
且兩次平方同於三乘方
故勾弦各自乘 相減後 直用三乘方法 求得內容圓半徑也

☞ **역자 주** : 위의 풀이에 표시한 각 계산 과정을 현재의 기호로 나타내면 다음과 같다.

[7] 넓이 $\times \frac{2}{10} = 28.8 =$ 한 변 $\times$ 내접원의 반지름 $=$ 중률

[8] 수율 : 중률 = 중률 : 말률,　수율 = 중률 + 말률,
수율$^2 - 28.8$수율 $= 829.44$,
$\therefore$ 수율 $\fallingdotseq 46.59937888$

[9] 수율 $= 46.59937888 =$ 외접원의 반지름 $\times$ 내접원의 반지름 : 빗변,
넓이 $\times \frac{1}{10} = 14.4 = \frac{\text{한 변}}{2} \times$ 내접원의 반지름 :밑변,
높이 $= \sqrt{46.59937888^2 - 14.4^2} = 44.31864294 =$ (내접원의 반지름)^2

[10] 내접원의 반지름 $= \sqrt{44.31864294} = 6.657224868$,

$$\frac{\text{넓이} \times \frac{2}{10}}{\text{내접원의 반지름}} = \frac{\text{내접원의 반지름} \times \text{한 변}}{\text{내접원의 반지름}} = \frac{28.8}{6.6572248}$$

$$= \text{한 변} = 4.326127007 = 4.3261 \text{ 조금 넘음}$$

11 $\sqrt[4]{46.59937888^2 - 14.4^2} = 6.657224868 = $ 내접원의 반지름

三 원용삼방호구(圓容三方互求)

어떤 사람이 원 안에 세 개의 정사각형이 있을 때, 원의 지름과 변을 서로 구하는 방법이 마땅히 있는지 물었다. 그러나 옛날에 전해지는 것이 없어서 생각해 본 끝에 아래와 같은 두 가지 방법을 알게 되었다.
或問曰圓内容三小方形宜有圓徑方邊相求之法
而古無傳者 蓋試思之遂解二術如左

〔2-1〕 원 안에 세 개의 작은 정사각형이 들어있는데, 정사각형의 한 변은 12척이라 하자.
문제 외접원의 지름은 얼마인가?
해답 30척9촌2분3리3호 조금 모자람(조금 모자람)
設圓内容三小方形 方邊爲十二尺
問 外圓徑幾何
答曰 三十尺九寸二分三釐三毫弱

해법
정사각형의 한 변을 제곱한다.
정사각형의 한 변의 절반을 제곱한다.
두 수를 서로 빼서 남는 것을 실(實; 나누어지는 수)로 하고, 정사각형의 한 변을 두 배한 수를 법(法; 나누는 수)으로 한다.[1]
실을 법으로 나누어 얻은 수를 정사각형의 한 변을 두 배한 수에서 뺀다.[2]
그 남은 것의 절반을 높이로 하고, 정사각형의 한 변을 밑변으로 해서 빗변을 구하고 두 배하면 외접원의 지름이 된다.[3]
法曰
方邊自乘
方邊折半自乘
二數相減餘爲實 方邊倍之數爲法
實如法而一 所得以減於方邊倍之數

餘折半爲股 方邊爲勾 求得弦 倍之爲外圓徑

☞ **역자 주 1 :** 해법에 표시한 각 과정을 현재의 기호로 나타내면 다음과 같다.

[1] 정사각형의 한 변$^2-\left(\frac{\text{정사각형의 한 변}}{2}\right)^2=144-36=108$: 실,
정사각형의 한 변$\times 2=24$: 법

[2] 정사각형의 한 변$\times 2-\frac{\text{실}}{\text{법}}=24-\frac{108}{24}=24-4.5=19.5$

[3] $\frac{19.5}{2}=9.75$: 높이, 정사각형의 한 변$=12$: 밑변,
빗변$=\sqrt{9.75^2+12^2}=15.4616461$,
$15.4616461\times 2=30.92329219=30.9233$ 조금 모자람=외접원의 지름

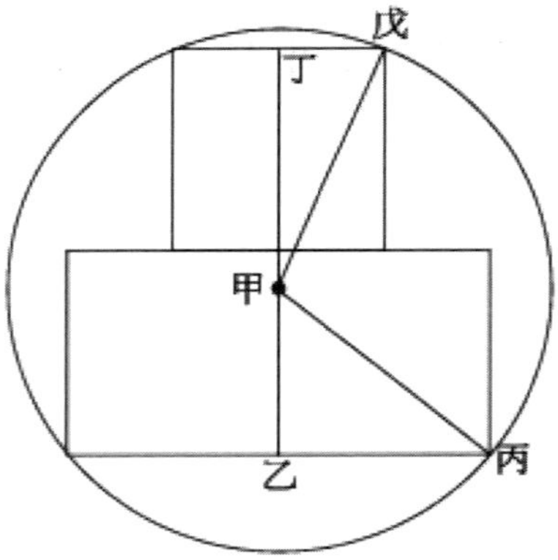

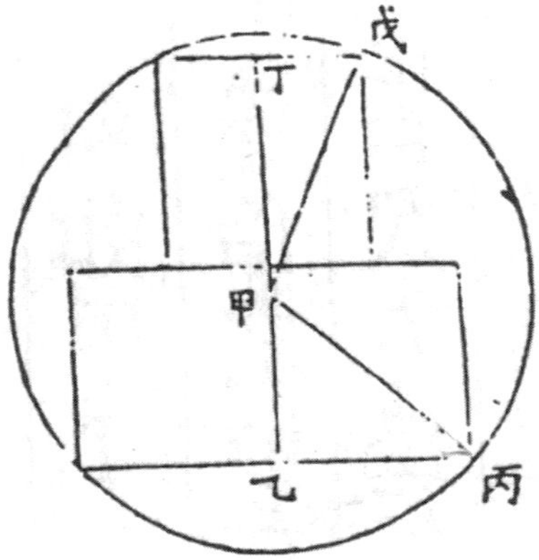

자세히 말하면, 원의 중심으로부터 아래쪽 정사각형의 모서리에 반지름을 그리면 두 개의 직각삼각형이 생긴다.
草曰 自圓心抵方面之角作半徑 則成二式句股形

하나는, 정사각형의 한 변이 밑변이 되는 직각삼각형 갑을병(甲乙丙)이다.
다른 하나는, 정사각형의 한 변의 반이 밑변이 되는 직각삼각형 갑정무(甲丁戊)이다.
一以方邊爲勾 如甲乙丙形

一以方邊之半爲勾 如甲丁戊形

모두 반지름이 빗변이 되고, 그 두 높이를 합하면 정사각형의 한 변을 두 배한 수가 되니 을정(乙丁)과 같다.④
同以半徑爲弦 而其兩股倂 卽方邊倍之數如乙丁也

이제 정사각형의 한 변을 제곱하면 144척를 얻고 정사각형의 한 변 절반을 제곱하면 36척을 얻는다.
서로 빼고 남은 것이 108척, 곧 두 삼각형의 높이를 제곱한 것의 차이다.
〔빗변은 이미 같으므로 밑변 제곱의 차가 곧 높이 제곱의 차이다.⑤ 〕
今以方邊自乘 得一百四十四尺方邊切半自乘得三十六尺
相減餘一百零八尺 卽兩形股羃之較也
〔弦旣相等 則勾羃之較 卽股羃之較〕

무릇 적교(積較)[1]는 곧 변끼리 더한 것과 변의 차를 서로 곱한 수이다.
따라서 두 높이를 합한 24척으로 높이 제곱의 차를 나누면, 양 높이의 차 4척5촌 을 얻는다.⑥
그것을 두 높이를 합한 것에서 빼고, 남은 것을 반으로 나누면 갑을(甲乙) 작은 높이 9척7촌5분을 얻는다.⑦
凡積較卽邊和與邊較相乘數
故以兩股倂二十四尺除股羃之較得兩股較四尺五寸
以減於兩股倂餘折半得甲乙小股九尺七寸五分

이것을 제곱하면 95척 06촌25분을 얻는다.
정사각형의 한 변 을병(乙丙)을 밑변으로 하여 제곱해서 얻은 144척과 합하면 239척 단6촌25분은 실이 된다. 제곱근을 풀면 빗변 갑병(甲丙) 반지름을 얻는다.⑧
仍自乘 得九十五尺單六寸二十五分
以乙丙方邊爲勾 自乘 得一百四十四尺 倂之 得二百三十九尺單六寸二十五分 爲實

1) $a^2-b^2=(a+b)(a-b)$

平方開之 得弦 卽甲丙半徑

☞ **역자 주:** 위의 풀이에 표시한 각 계산 과정을 현재의 기호로 나타내면 다음과 같다.

[4] 甲戊＝甲丙＝반지름 : 빗변,
丁甲＋甲乙＝乙丁＝두 높이의 합＝정사각형의 한 변×2＝24

[5] $\text{정사각형의 한 변}^2-\left(\frac{\text{정사각형의 한 변}}{2}\right)^2=144-36$
$=108=\text{높이 제곱의 차이}$
$\text{밑변 제곱의 차이}=\text{丙乙}^2-\text{戊丁}^2=\text{丁甲}^2-\text{甲乙}^2$
$=\text{높이 제곱의 차이}$

[6] $\frac{\text{높이 제곱의 차이}}{\text{두 높이 합한 것}}=\frac{\text{丁甲}^2-\text{甲乙}^2}{\text{丁甲}+\text{甲乙}}=\frac{144-36}{24}=4.5$
$=\text{두 높이의 차이}=\text{丁甲}-\text{甲乙}$

[7] $\frac{\text{두 높이 합한 것}-\text{두 높이의 차}}{2}=\frac{24-4.5}{2}=9.75=\text{甲乙}$: 작은 높이,
$\frac{\text{丁乙}-(\text{丁甲}-\text{甲乙})}{2}=\frac{2\text{甲乙}}{2}=9.75=\text{甲乙}$: 작은 높이

[8] $9.75^2=95.0625$,
$\text{甲乙}^2+\text{乙丙}^2=9.75^2+12^2=95.0625+144=239.0625=\text{甲丙}^2$,
$\text{甲丙}=\sqrt{239.0625}=15.4616461=\text{외접원의 반지름}$

별해

정사각형의 한 변의 절반을 3배하고 4로 나누어 그것을 정사각형의 한 변을 두 배한 수에 더해서 높이로 하고 정사각형의 한 변을 밑변으로 해서, 빗변을 구하면 외접원의 지름이다.[1]

又法曰

方邊折半三因四歸 以加方邊倍之數 爲股 方邊爲勾 求得弦 卽外圓徑

☞ **역자 주 2:** 별해에 표시한 각 과정을 현재의 기호로 나타내면 다음과 같다.

[1] $\left(\frac{\text{정사각형의 한 변}}{2}\times\frac{3}{4}\right)+(2\times\text{정사각형의 한 변})=4.5+24=28.5$: 높이,

정사각형의 한 변＝12 : 밑변,
빗변＝$\sqrt{28.5^2+12^2}$＝30.92329219＝외접원의 지름

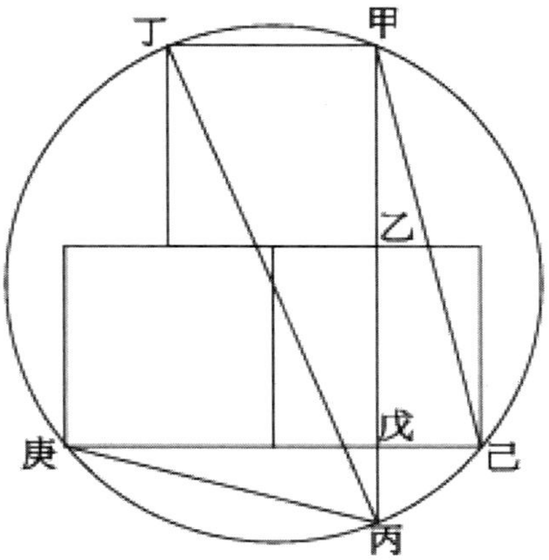

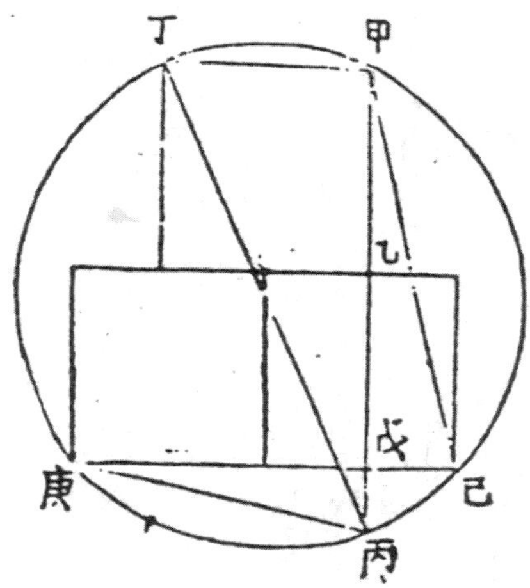

자세히 말해서, 정사각형의 한 변 갑을(甲乙)을 아래쪽 원의 경계 병(丙)까지 늘이면 갑무(甲戊)와 무경(戊庚)의 비는 무기(甲戊)와 무병(戊丙)의 비와 같다.[2]
草曰 甲乙方邊引長抵圓界丙 則甲戊與戊庚之比同於戊己與戊丙之比

선분 갑기(甲己)와 선분 병경(丙庚)을 그어보면, 두 직각삼각형 갑무기(甲戊己)와 경무병(庚戊丙)이 생긴다.
試作甲己線及丙庚線 成甲戊己庚戊丙二句股形

이 두 삼각형은 각각 하나의 직각이 있고 그 각 기(己)와 각 병(丙)은 호 갑경(甲庚)을 공통으로 마주보고, 그 각 갑(甲)과 각 경(庚)은 호 기병(己丙)을 공통으로 마주본다 그러므로 세 각은 양쪽이 서로 같아서 닮은꼴이 된다.[3]
此二形旣各有一直角 而其己角丙角共對甲庚弧 其甲角庚角共對己丙弧
則三角必兩兩相等 而爲同式形

따라서 높이 갑무(甲戊)와 높이 무경(戊庚)의 비는 밑변 무기(戊己)과 밑변 무병(戊丙)의 비와 같다.[4]
故甲戊股與戊庚股之比同於戊己勾與戊丙勾之比也

그런데 무경(戊庚)은 원래 갑무(甲戊)의 4분의 3이다.[5]
而戊庚原爲甲戊四分之三

> 갑무(甲戊)는 곧 두 정사각형의 변이고, 무경(戊庚)은 정사각형의 한 변과 정사각형의 반 변이며, 무기(戊己)는 정사각형의 반 변이다.
> 무기가 1분이면 무경은 3분이고 갑무는 4분이 된다.[6]
> 甲戊卽二方邊 戊庚卽一方邊及半方邊 戊己卽半方邊
> 以戊己爲一分 則戊庚爲三分 甲戊爲四分

따라서 정사각형의 한 변을 반으로 나누면 무기(戊己) 6척을 얻는다.
3을 곱하고 4로 나누면 무병(戊丙) 4척5촌을 얻는데, 그것에 두 정사각형의 변 갑무(甲戊)를 더하면 갑병(甲丙) 28척5촌을 얻어 높이가 된다.[7]
제곱하면 812척25촌을 얻는데, 정사각형의 한 변 갑정(甲丁)을 밑변하고 제곱해서 얻은 144척과 합치면 956척25촌을 얻어 실이 된다.
제곱근을 풀어 빗변을 얻으면 곧 지름 정병(丁丙)이다.[8]
故方邊折半 得戊己六尺
三因四歸 得戊丙四尺五寸
以加二方邊甲戊 得甲丙二十八尺五寸 爲股 自乘 得八百二十尺二十五寸 以甲丁方邊爲勾 自乘 得一百四十四尺 倂之 得九百五十六尺二十五寸爲實
平方開之 得弦 卽丁丙圓徑

> 직각 갑(甲)은 원의 경계의 반에 서 있다. 따라서 선분 정병(丁丙)은 지름이 된다.[9]
> 甲直角立於圓界之半 故丁丙線爲圓徑

위는 단계에 따라 푼 것이다.
右依條段解之

☞ **역자 주:** 위의 풀이에 표시한 각 계산 과정을 현재의 기호로 나타내면 다음과 같다.

[2] 甲戊 : 戊庚 = 戊己 : 戊丙

[3] ∠甲戊己 = 90° = ∠庚戊丙,　∠己甲戊 = ∠戊庚丙,　∠甲己戊 = ∠庚丙戊,
　∴ △甲戊己∽△庚戊丙

[4] 甲戊 : 戊庚 = 戊己 : 戊丙

[5] 戊庚 = 甲戊 × $\frac{3}{4}$

[6] 甲戊 = 2(정사각형의 변),
　戊庚 = $1\frac{1}{2}$ (정사각형의 한 변),
　戊己 = $\frac{1}{2}$ (정사각형의 한 변),
　甲戊 : 戊庚 : 戊己 = 4 : 3 : 1

[7] 戊丙 = 戊己 × $\frac{3}{4}$ = 6 × $\frac{3}{4}$ = 4.5,
　戊丙 + 甲戊 = 4.5 + 25 = 28.5 = 甲丙 : 높이

[8] 甲丙^2 + 甲丁^2 = $28.5^2 + 12^2$ = 812.25 + 144 = 956.25 = 丁丙^2,
　丁丙 = $\sqrt{956.25}$ = 30.92329219 = 외접원의 지름

[9] ∠丁甲丙 = 90°,　∴ 丁丙 = 지름

〔2-2〕 지름이 40척인 원 안에 세 개의 작은 정사각형이 있다고 하자.

문제 **각 정사각형의 한 변은 얼마인가?**

해답 **15척5촌2분2리3호 조금 모자람**

設圓徑四十尺内容三小方形

問　每方邊幾何

答曰 十五尺五寸二分二釐三毫弱

해법

반지름의 제곱은 실(實)이 되고 1척6촌6분0리1호5사6홀2미5섬은 우법(隅法)이 된다.[1]

평방을 풀면 정사각형의 한 변을 얻는다.[2]

法曰

半徑自乘爲實 一尺六寸六分零一毫五絲六忽二微五纖爲隅法
平方開之 得方邊

☞ **역자 주 1:** 해법에 표시한 각 과정을 현재의 기호로 나타내면 다음과 같다.

[1] 반지름$^2 = 20^2 = 400 = 1.66015625\,x^2$

[2] $x = \sqrt{\dfrac{400}{1.66015625}} = 15.52228 = 15.5223$ 조금 모자람＝정사각형의 한 변

자세히 말해서[2], 천원(天元)[3] 1을 세워서 정사각형의 한 변으로 한다.[3]
草曰 立天元一爲方邊

제곱을 얻는다.[4]
自乘得

또 천원 반의 제곱을 얻는다.[5]
又半天元自乘得

---

2) 산대로 수를 나타낼 때는 일, 백, 만…의 자리의 수는 아래 그림의 첫 행과 같이 세우고 십, 천…의 자리의 수는 둘째 행과 같이 옆으로 뉘어서 표현했다. 그리고 6 이상은 편의를 위해 위쪽에 5를 나타내는 산대를 놓는다.

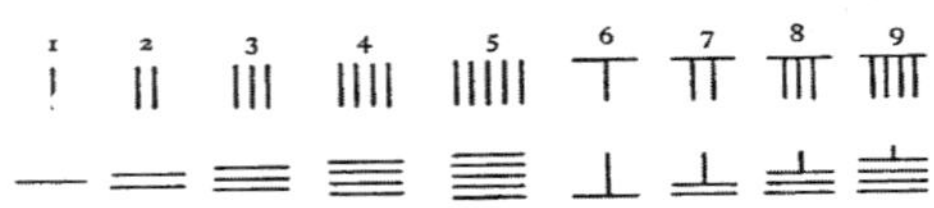

일, 백, … 자리
십, 천, … 자리

위와 같이, 이 경우에 각 숫자 사이에 간격을 두지 않고 꼭 붙여 썼으며, 빈자리는 기호 ○로 나타내고 음수는 마지막 숫자에 빗금을 그어 나타냈다.

3) 천원은 우리가 한 변을 x라고 놓을 때 x에 해당한다. 천원일은 1x라는 뜻이다.

서로 뺀 것을 얻는다.[6]
相減得

천원을 두 배한 것으로 나눈다.[7]
以倍天元除之得

천원의 두 배에서 뺀다.[8]
以減倍天元得

반으로 나눈다.[9]
半之得

이것이 높이가 되고, 제곱을 얻는다.[10]
仍爲股 自乘得

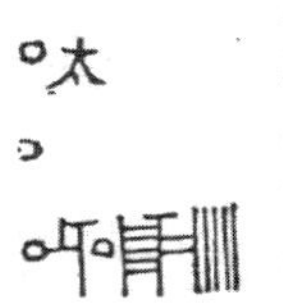

천원을 밑변으로 하고 제곱을 얻는다.[11]
以天元爲勾 自乘得

그것들을 합하면 빗변의 제곱이 된다.
그것을 왼쪽에 놓는다.[12]
併之爲弦羃 寄左

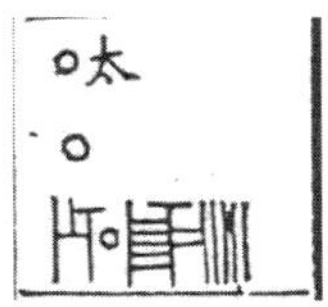

반지름을 빗변으로 해서 제곱을 얻는다.[13]
以半徑爲弦 自乘得

왼쪽의 식과 서로 상쇄해서 개방식을 얻는다.[14]
與寄左相消 得開方式

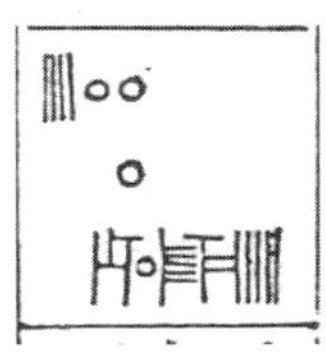

평방을 풀면 정사각형의 한 변을 얻는다.[15]
平方開之 得方邊

☞ **역자 주 :** 위의 풀이에 표시한 각 계산 과정을 현재의 기호로 나타내면 다음

과 같다.

3 x=정사각형의 한 변

4 $x^2 = 1x^2$

5 $(\frac{x}{2})^2 = 0.25x^2$

6 $x^2 - (\frac{x}{2})^2 = \frac{3}{4}x^2 = 0.75x^2$

7 $\frac{3}{4}x^2 \div 2x = \frac{3}{8}x = 0.375x$

8 $2x - \frac{3}{8}x = \frac{13}{8}x = = 1.625x$

9 $(\frac{13}{8}x) \div 2 = \frac{13}{16}x = 0.8125x$

10 $(\frac{13}{16}x)^2 = 0.66015625x$

11 $x^2 = 1x^2$

12 $(\frac{13}{16}x)^2 + x^2 = 1.66015625x^2$=빗변의 제곱

13 반지름^2=400

14 $1.66015625x^2$=반지름^2=400

15 $x = \sqrt{\frac{400}{1.66015626}} = 15.52228 = 15.5223$ 조금 넘음

별해

지름 제곱을 실로 하고 6척6촌4분0리6호2사5홀을 우법으로 해서 제곱근을 풀면 정사각형의 한 변을 얻는다.[1]

又法曰
圓徑自乘爲實 六尺六寸四分零六毫二絲五忽爲隅法
平方開之 得方邊

☞ **역자 주**: 별해에 표시한 각 과정을 현재의 기호로 나타내면 다음과 같다.

[1] 지름$^2 = 40^2 = 1600 = 6.640625\, x^2$,

$$x = \sqrt{\frac{1600}{6.640625}} = 15.52228 = 15.5223 \text{ 조금 넘음}$$

자세히 말하면, 천원(天元) 1을 세우고 정사각형의 한 변의 수라하자.[2]
草曰 立天元一爲方數

절반을 얻는다.[3]
折半得

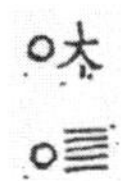

그것에 3을 곱하고 4로 나눈다.[4]
就三因四歸得

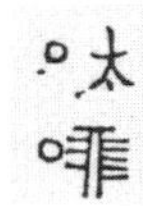

천원 두 배한 것을 더한다.[5]
以加倍天元得

그것이 높이가 되고, 제곱을 구한다.[6]
仍爲股 自乘得

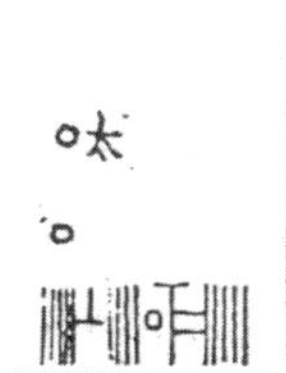

천원을 밑변으로 하고 제곱을 얻는다.[7]
以天元爲勾 自乘得

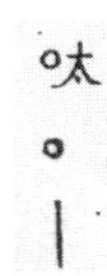

합치면 빗변 제곱이 된다.
그것을 왼쪽에 놓는다.[8]
併之爲弦羃 寄左

지름을 빗변으로 해서 제곱을 얻는다.[9]
以圓徑爲弦 自乘得

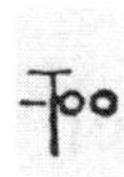

왼쪽의 식과 서로 상쇄해서 개방식을 얻는다.[10]
寄左相消 得開方式

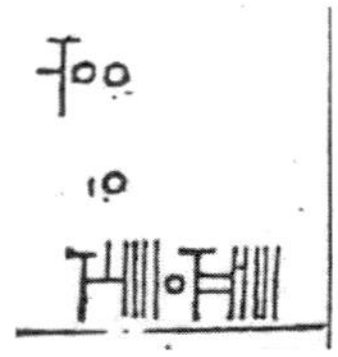

평방을 풀면 정사각형의 한 변을 얻는다.[11]
平方開之 得方邊

위는 천원(天元)으로 연산했다.
右以天元演之

☞ **역자 주 :** 풀이에 표시한 각 과정을 현재의 기호로 나타내면 다음과 같다.

[2] x=정사각형의 한 변

[3] $\frac{x}{2}=0.5x$

[4] $\frac{x}{2}\times\frac{3}{4}=\frac{3}{8}x=0.375x$

[5] $\frac{3}{8}x+2x=\frac{19}{8}x=2.375x$

[6] $(\frac{19}{8}x)^2=5.640625x^2$

[7] $x^2=1x^2$

[8] $(\frac{19}{8}x)^2+x^2=6.640625x^2$=빗변의 제곱

[9] 지름^2=1600

[10] $6.640625x^2$=지름^2=1600

[11] $x=\sqrt{\frac{1600}{6.640625}}=15.52228=15.5223$ 조금 넘음

三 호선구현시(弧線求弦矢)

매문목공(梅文穆公) 곡성(瑴成)[1]의 『적수유진(赤水遺珍)』에 서양인 두덕미(杜德美)의 원 자르는 빠른 기술[2]과 현시(사인과 코사인)를 구하는 빠른 기술이 실려있으나 그 현시를 구하는 빠른 기술은 매우 분명치가 않다.
그래서 외람 되지만 어리석은 견해를 서술하여 예(藝)를 즐기는 군자에게 묻는다.
梅文穆公瑴成赤水遺珍載有西洋人杜德美割圓捷術及弦矢捷術而其弦矢捷術不甚分曉
故猥述愚見以質於游藝君子云爾

i[3]. 21° 19′51″인 호가 있다. 〔반지름은 여덟 자리〕
設弧二十一度十九分五十一秒 〔半徑八位〕

---

1) 매곡성(梅穀成, 1681~1763). 중국 청(淸)대의 수학자. 매문정(梅文鼎, 1633~1721)의 손자. 『역상고성曆象考成』, 『율려정의(律呂正義)』, 『수리정온(數理精蘊)』, 『율력연원(律曆演源)』 등을 출간하였다.

2) 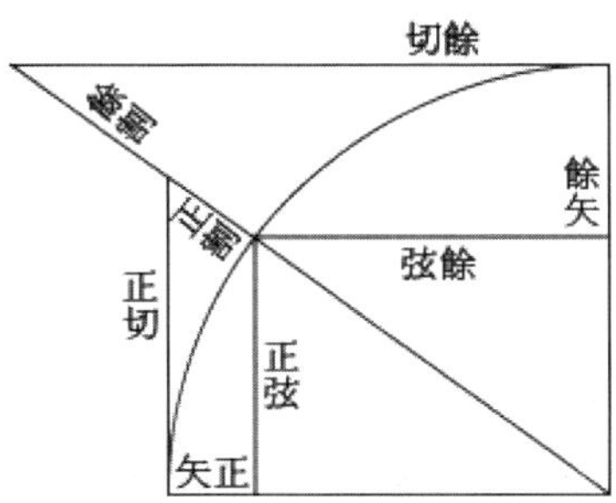

정현(正弦)= $r\sin\theta$ 여현(餘弦)= $r\cos\theta$
정시(正矢)= $r-r\sin\theta$ 여시(餘矢)= $r-r\cos\theta$
정절(正切)= $r\tan\theta$ 여절(餘切)= $r\cot\theta$
정할(正割)= $r\sec\theta$ 여할(餘割)= $r\csc\theta$
위를 할원(割圓) 8선이라 한다.

3) 위의 i 과 ii는 매곡성의 『적수유진』의 인용이다.

그 정현(rsinθ) 구하기(求其正弦)

그 호선(호의 길이) 37229325[4]은[1]
〔반지름이 여덟 자리이므로 호선 역시 다만 여덟 자리를 쓴다.〕
설호공분(設弧共分)이 되고 제곱하면 13860226[5]을 얻는다.
〔역시 다만 여덟 자리를 쓴다.〕
그것은 누승수(屢乘數)가 된다.
또 234567의 여섯 수를 차례로 둘씩해서 양쪽을 서로 곱하면 제수가 된다.
〔예를 들어 2와 3을 곱해서 6을 얻으면 제1제수가 되고, 4와 5를 곱해서 20을 얻으면 제2제수가 되고, 6과 7를 곱해서 42를 얻으면 제3제수가 된다.[2]〕
其弧線三七二二九三二五〔因半徑八位 故弧線亦只用八位〕爲設弧共分
自乘得一三八六0二二六〔亦只用八位〕爲屢乘數
又以二三四五六七之六數相挨兩 兩相乘爲除數
〔如二三相乘得六爲第一除數 四五相乘得二十爲第二除數 六七相乘得四十二爲第三除數〕

즉 설호공분을 제1득수[6]로 한다.
다시 실이 되어 누승수로 곱하고〔곱해서 나온 수는 마지막 여덟 자리를 잘라버린다. 이후도 이와 같다.〕 제1제수 6으로 나누면 860011를 얻고 제2득수가 된다.
또 실이 되어 누승수로 곱하고 제2제수로 나누면 5959를 얻고 제3득수가 된다.
또 실이 되어 누승수로 곱하고 제3제수로 나누면 19를 얻고 제4득수가 된다.[3]
卽用設弧共分 爲第一得數
復爲實 以屢乘數乘之〔凡乘出之數截去末八位 後倣此〕
第一除數六除之 得八六00一一 爲第二得數
又爲實 以屢乘數乘之 第二除數二十除之 得五九五九 爲第三得數
又爲實 以屢乘數乘之 第三除數四十二除之 得一九 爲第四得數

4) 37229327이 맞다.
5) 자릿수가 무시되고 있다. 일단 자릿수를 무시하고 계산한 다음 꼬리를 자른다.
6) 주의! 제1득수와 뒤에서 설명될 제1수는 다른 것이다.

이에 제1득수와 제3득수 합하고 또 제2득수와 제4득수를 합한다.[4]
마지막에 합한 수를 먼저 합한 수에서 빼면 36375254가 남는데, 마지막 한 자리를 잘라버리면 곧 구하고자 하는 정현이다.[5]
〔무릇 정현은 모두 반지름보다 작기 때문에 계산할 때 흔히 꼬리 한 자리를 자르게 된다. 따라서 수를 얻은 후 한 자리를 잘라버린다. 이후도 이와 같다.〕

乃以第一得數與第三得數相併 又以第二得數與第四得數相併
末以後併數減先併數 餘三六三七五二五四 截去末一位 卽所求之正弦也
〔凡正弦俱小於半徑 入算時多用一位以齊尾數
故得數後 亦截去一位也 後倣此〕

☞ **역자 주 :** 위에서 표시한 각 과정을 현재의 기호로 나타내면 다음과 같다.

[1] $\theta = 21°\ 19'\ 51'' = 0.37229325$ (rad)[7],
r = 반지름 = 1천만,
$r\theta$ = 호선 $= 0.37229325 \times 10^7 = 37229325$

[2] 누승수 = 호선$^2 = 37229325^2 = 1.38602264 \times 10^{15} \Rightarrow 13860226$,
제1제수 $= 2 \times 3 = 6$,
제2제수 $= 4 \times 5 = 20$,
제3제수 $= 6 \times 7 = 42$,

[3] 제1득수 = 호선 $= 37229325$,

$$\text{제2득수} = \frac{\text{제1득수} \times \text{누승수}}{\text{제1제수}} = \frac{37229325 \times 13860226}{6}$$
$$= 8.600114305 \times 10^{13} \Rightarrow 860011,$$
$$\text{제3득수} = \frac{\text{제2득수} \times \text{누승수}}{\text{제2제수}} = \frac{860011 \times 13860226}{20}$$
$$= 5.959973411 \times 10^{11} \Rightarrow 5959,$$
$$\text{제4득수} = \frac{\text{제3득수} \times \text{누승수}}{\text{제3제수}} = \frac{5959 \times 13860226}{42}$$
$$= 1966502065 \quad \Rightarrow 19$$

[4] 제1득수 + 제3득수 $= 37229325 + 5959 = 37235284$,
제2득수 + 제4득수 $= 860011 + 19 = 860030$

[5] (제1득수 + 제3득수) − (제2득수 + 제4득수) $= 37235284 - 860030$
$= 36375254$,
3637525 = 정현 $= 10^{17} \times \sin(21°\ 19'\ 51'')$

7) 0.37229327이 맞다.

ⅱ. 16° 27′ 43″ 인 호가 있다. 〔반지름은 아홉 자리〕
設弧十六度二十七分四十三秒 〔半徑九位〕

그 정현 구하기(求其正弦)

그 호선 287315132는
〔반지름이 아홉 자리이므로 호선 역시 다만 아홉 자리를 쓴다.[1] 〕
설호공분이고 또 제1득수가 된다.
제곱하면 825499850을 얻고 누승수가 된다.
〔법칙에 따라 곱하고 나눈다. 제수는 앞의 율과 모두 같다.〕
제2득수는 3952976이 되고 제3득수는 16315가 되고 제4득수는 32가 된다.[2]
其弧線二八七三一五一三二 〔因半徑九位 故弧線亦只用九位〕爲設弧共分
亦爲第一得數
自乘 得八二五四九九八五0 爲屢乘數 〔依法乘除 除數幷同前率〕
第二得數爲三九五二九七六 第三得數爲一六三一五 第四得數爲三二

이에 제1득수와 제3득수 합하고 또 제2득수와 제4득수를 합한다.[3]
후에 합한 수를 먼저 합한 수에서 빼면 283378439가 남는데 마지막 한 자리를 잘라버리면 곧 구하고자 하는 정현이다.[4]
乃以第一第三相倂 又以第二第四相倂
以後倂數減先倂數 餘二八三三七八四三九 截去末一位 卽所求之正弦也

☞ **역자 주 :** 위에서 표시한 각 과정을 현재의 기호로 나타내면 다음과 같다.

[1] $\theta = 16°\ 27'\ 43'' = 0.287315132(\text{rad})$,
r = 반지름 = 1억,
$r\theta$ = 호선 $= 0.287315132 \times 10^{8} = 287315132$

[2] 호선 = 287315132,
호선$^2 = 8.254998508 \times 10^{16} \Rightarrow 825499850$ = 누승수,
제1득수 = 호선 = 287315132,
$$\text{제2득수} = \frac{\text{제1득수} \times \text{누승수}}{\text{제1제수}} = \frac{287315132 \times 825499850}{6}$$

$=3.952976639\times10^{16} \Rightarrow 3952976,$

$$제3득수=\frac{제2득수\times누승수}{제2제수}=\frac{3952976\times825499850}{20}$$

$=1.631590548\times10^{14} \Rightarrow 16315,$

$$제4득수=\frac{제3득수\times누승수}{제3제수}=\frac{16315\times825499850}{42}$$

$=3.206673822\times10^{11} \Rightarrow 32$

3 제1득수＋제3득수＝287315132＋16315＝287331447,
제2득수＋제4득수＝3952976＋32＝3953008

4 (제1득수＋제3득수)－(제2득수＋제4득수)＝287331447－3953008＝283378439,
28337843＝정현＝$10^8\times\sin(16°\ 27'\ 43'')$

2 정시(r－rcosθ) 구하기(求其正矢)

누승수는 전과 같다. 〔정현을 구할 때의 누승수와 같다.〕
3과 4를 곱한 12가 제1제수가 되고, 5와 6을 곱한 30이 제2제수가 되고, 7과 8을 곱한 56이 제3제수가 된다.[1]
이에 누승수 절반이 제1득수가 되고,
실이 되어 누승수를 곱하고 제1제수로 나누면 2839386을 얻고 제2득수가 된다.
또 실이 되어 누승수를 곱하고 제2제수로 나누면 7813을 얻고 제3득수가 된다.
또 실이 되어 누승수를 곱하고 제3제수로 나누면 11을 얻고 제4득수가 된다.[2]
屢乘數同前 〔與求正弦之屢乘數同〕
以三四相乘之十二爲第一除數 五六相乘之三十爲第二除數 七八相乘之五十六爲第三除數
乃以屢乘數折半 爲第一得數
爲實以屢乘數乘之 第一除數十二除之 得二八三九三八六 爲第二得數
又爲實以屢乘數乘之 第二除數三十除之 得七八一三 爲第三得數
又爲實以屢乘數乘之 第三除數五十六除之 得一一 爲第四得數

여기에서 제1득수와 제3득수를 서로 합하고, 또 제2득수와 제4득수를 서로 합한다.
이에 서로 합한 두 수를 빼면 409918341을 얻는데, 마지막 두 자리를 잘라버리면 구하고자 하는 정시가 된다.[3]
於是以第一第三得數相倂 又以第二第四得數相倂
乃以兩倂數相減 得四0九九一八三四一 截去末二位 所求之正矢也

정시를 반지름에서 빼면 95900817를 얻는데 이는 곧 문제의 호의 여현(餘弦), 즉 여호(餘弧) 73° 32′ 17″ 의 정현이다.[4]
따라서 문제의 호가 45°를 넘는 것은 먼저 여호의 정현 혹은 정시를 구하고, 반지름에서 빼면 문제의 정시나 정현을 얻는다.
以正矢減半徑 得九五九00八一七 卽設弧之餘弦 亦卽餘弧七十三度三十二分十七秒之正弦
故設弧過四十五度以上者 先求得餘弧之正弦或正矢 以減半徑卽得設弧之正矢或正弦

☞ **역자 주 :** 위에서 표시한 각 과정을 현재의 기호로 나타내면 다음과 같다.

[1] 호선^2=825499850=누승수,
제1제수=3×4=12,
제2제수=5×6=30,
제3제수=7×8=56

[2] $제1득수 = \dfrac{누승수}{2} = \dfrac{825499850}{2} = 412749925,$

$$제2득수 = \frac{제1득수 \times 누승수}{제1제수} = \frac{412749925 \times 825499850}{12}$$
$$= 2.83937501 \times 10^{16} \Rightarrow 2839386,$$
$$제3득수 = \frac{제2득수 \times 누승수}{제2제수} = \frac{2839386 \times 825499850}{30}$$
$$= 7.81304239 \times 10^{13} \Rightarrow 7813,$$
$$제4득수 = \frac{제3득수 \times 누승수}{제3제수} = \frac{7813 \times 825499850}{56}$$
$$= 1.151719701 \times 10^{11} \Rightarrow 11$$

[3] (제1득수+제3득수)−(제2득수+제4득수)=(412749925+7813)−(2839386+11)
=412757738−2839397=409918341,
$4099183 = 정시 = 10^8 - 10^8 \times \cos(16° \ 27′ \ 43″)$

[4] $r - (r - r\cos\theta) = r\cos\theta = r\sin(90° - \theta) = r\sin(90° - 16° \ 27′43″)$

$= r\sin(73°\ 32'\ 17'')$: 여호의 정현

앞의 것은『적수유진』에 실려있는 본문이다.
그것은 말하길 대개 곱해서 나온 수 마지막 여덟째 자리 또는 아홉째 자리를 잘라버려야 한다는 것은 이와 같다.
반지름이 여덟 자리 또는 아홉 자리이기 때문에 호선은 단지 여덟 자리 또는 아홉 자리를 쓴다고 말하는 것은 마지막이 그러함을 두려워하는 것이다.
곱하고 나누어서 얻은 수가 반지름이 1억 혹은 1천만에서 얻어졌으므로 가능하나, 반지름이 1억 혹은 1천만이 아니면 매우 동떨어진 말이다.
대개 호선의 자릿수는 각도의 크고 작음에 따라 큰 차이가 있고 곱하고 나누는 사이에 모두 반지름에 의해 늘고 주는 것이다.
또 모든 호는 모두 이 방법을 써서 현과 시를 구할 수 있다.
右赤水遺珍所載本文也
其曰 凡乘出之數截去末八位九位云者似也
因半徑八位九位 故弧線只用八位九位云者恐未然也
其乘除所得之數設半徑一億或一千萬卽可也
半徑非一億或一千萬 則甚相遠矣
蓋弧線位數隨度之大小而懸殊 而乘除之間皆以半徑消息者也
且全圜之弧皆可用此法以求弦矢

1상한호(사분원)를 쓸 때 얻어지는 현과 시는 모두 반지름과 같다.[1]
1상한을 넘는 호를 쓰면, 얻어지는 정현과 원둘레의 반에서 호를 뺀 것의 정현과 같아서 정시는 큰 정시가 된다.8)[2]
원둘레의 반호를 쓸 때 얻어지는 정시는 지름과 같고 정현은 없다.[3]
원둘레의 반을 넘는 호를 쓰면, 얻는 정현과 원둘레의 반 호를 뺀 것의 정현과 같아서 정시는 역시 큰 정시가 된다.[4]
3상한호를 쓰면, 얻어지는 현과 시는 1상한호의 현과 시와 같다.[5]
3상한을 넘는 호를 쓸 때 얻어지는 현과 시와 원둘레에서 호를 뺀 것의 현과 시는 같다.[6]
그러나 원둘레의 반 보다 작으면($\theta < \pi$), 먼저 합한 수에서 나중 합한

8) 부호는 일반적으로 고려되지 않고 있다.

수를 빼서 정현과 정시 등을 얻고, 원둘레의 반보다 크면($\theta > \pi$), 나중 합한 수에서 먼저 합한 수를 빼서 정현을 얻는다.[7]
用一象限弧 則所得弦矢幷與半徑等
用過一象限弧 則所得正弦與半周相減弧之正弦等 而矢爲大矢
用半周弧 則所得矢與全徑等 而無正弦
用過半周弧 則所得正弦與減去半周弧之正弦等 而矢亦爲大矢
用三象限弧 則所得弦矢與一象限弧之弦矢等
用過三象限弧 則所得弦矢與全周相減弧之弦矢等
而半周以内 則先倂數内減後倂數
而得正弦半周以外 則後倂數内減先倂數而得正弦也

☞ **역자 주:** 위에서 표시한 각 과정을 현재의 기호로 나타내면 다음과 같다.

[1] $\theta = \frac{\pi}{2}$, $r\sin\theta = r = r - r\cos\theta$

[2] $\theta > \frac{\pi}{2}$, $r\sin\theta = r\sin(\pi - \theta)$, $r - r\cos\theta > r$

[3] $\theta = \pi$, $r\sin\theta = 0$, $r - r\cos\theta = 2r$

[4] $\theta > \pi$, $r\sin\theta = r\sin(\pi - \theta)$, $r - r\cos\theta > r$

[5] $\theta = \frac{3\pi}{2}$, $-r\sin\theta = r = r - r\cos\theta$

[6] $\theta > \frac{3\pi}{2}$, $-r\sin\theta = r\sin(2\pi - \theta)$, $r\cos\theta = r\cos(2\pi - \theta)$

[7] $\theta < \pi$, $r\sin\theta \geq 0$, $r - r\cos\theta \geq 0$
$\theta > \pi$, $r\sin\theta < 0$

그러나 (여기서는) 단지 1상한(90°) 이내에 있는 것만을 논의하지만, 만일 반상한(45°)이 넘으면 호선이 이미 크므로, 얻어진 제4수가 아직 많은 자리를 가지고 있어서 반드시 다시 제5수와 제6수를 구한 연후에야 꼭 들어맞을 것이다.
따라서 각각 문제를 설정해서 예를 들었다.
然但就一象限以内論之 若過半象限 則弧線已大

所得第四數尙有多位 必更求第五第六數 然後可得脗合
故玆各設問 以備其例焉

〔3-1〕 반지름이 1천만이면 60°호선은 10471975.51[9]이다. [1]

문제 정현과 정시는 각각 얼마인가?

해답 정현 8660254

정시 500만

設半徑一千萬 則六十度弧線爲一千零四十七萬一千九百七十五小餘五一
問 正弦正矢各幾何
答曰 正弦 八百六十六萬零二百五十四
正矢 五百萬

정현 구하는 법(求正弦法)

호선〔10471975.51〕을 제곱해서 얻은 수를 반지름〔1천만〕으로 나누면 10966227.11을 얻고 이것이 누승수가 된다. [2]

이와는 별도로 2와 3을 곱해서 6을 얻고 거기에 반지름을 곱하면 제1제수가 된다.

4와 5를 곱해서 20을 얻고 거기에 반지름을 곱하면 제2제수가 된다.

6과 7을 곱해서 42를 얻고 거기에 반지름을 곱하면 제3제수가 된다.

8과 9를 곱해서 72를 얻고 거기에 반지름을 곱하면 제4제수가 된다.

10과 11을 곱해서 110을 얻고 거기에 반지름을 곱하면 제5제수가 된다. [3]

이에 호선 10471975.51를 써서 제1수로 명한다.

누승수를 곱해서 제1제수 6천만으로 나누면 1913967.69를 얻고, 이것이 제2수가 된다.

이에 누승수를 곱해서 제2제수 2억으로 나누면 104945.02를 얻고, 이것이 제3수가 된다.

이에 누승수를 곱해서 제3제수 4억2천만으로 나누면 2740.18을 얻고, 이것이 제4수가 된다.

이에 누승수를 곱해서 제4제수 7억2천만으로 나누면 41.74를 얻고,

---

9) 저자는 이 책에서 $\pi = 3.141592654$로 계산하고 있다.

이것이 제5수가 된다.
이에 누승수를 곱해서 제5제수 11억으로 나누면 0.41을 얻고, 이것이 제6수가 된다.[4]
이것에서 제1수, 제3수, 제5수를 서로 합하고 제2수, 제4수, 제6수를 서로 합한다.[5]
서로 합한 수를 빼면 8660253.99가 남고 정현이 된다.[6]
以弧線〔一千零四十七萬一千九百七十五小餘五一〕自乘得數
以半徑〔一千萬〕除之 得一千零九十六萬六千二百二十七小餘一一 爲屢乘數
另以二與三相乘得六 以半徑乘之 爲第一除數
四與五相乘得二十 以半徑乘之 爲第二除數
六與七相乘得四十二 以半徑乘之 爲第三除數
八與九相乘得七十二 以半徑乘之 爲第四除數
十與十一相乘得一百一十 以半徑乘之 爲第五除數
乃用弧線一千零四十七萬一千九百七十五小餘五一 命爲第一數
以屢乘數乘之 以第一除數六千萬除之 得一百九十一萬三千九百六十七小餘六九 是爲第二數
仍以屢乘數乘之 以第二除數二億除之 得十萬四千九百四十五小餘0二 是爲第三數
仍以屢乘數乘之 以第三除數四億二千萬除之 得二千七百四十小餘一八 是爲第四數
仍以屢乘數乘之 以第四除數七億二千萬除之 得四十一小餘七四 是爲第五數
仍以屢乘數乘之 以第五除數一十一億除之 得小餘四一 是爲第六數
於是以第一第三第五數相併 以第二第四第六數相併
兩併數相減 餘八百六十六萬零二百五十三小餘九九 爲正弦也

☞ **역자 주 1:** 위의 풀이에 표시한 각 과정을 현재의 기호로 나타내면 다음과 같다.

[1] 호선 $= \dfrac{\pi}{3} \times 10^7 = 10471975.51$

[2] 누승수 $= \dfrac{\text{호선}^2}{\text{반지름}} = \dfrac{10471975.51^2}{\text{1천만}} = 10966227.11 = \dfrac{(r\theta)^2}{r} = r\theta^2$

3 제1제수 $= 2\times 3\times$ 반지름 $= 6\times 10^7 =$ 6천만,
제2제수 $= 4\times 5\times$ 반지름 $= 20\times 10^7 =$ 2억,
제3제수 $= 6\times 7\times$ 반지름 $= 42\times 10^7 =$ 4억 2천만,
제4제수 $= 8\times 9\times$ 반지름 $= 72\times 10^7 =$ 7억 2천만,
제5제수 $= 10\times 11\times$ 반지름 $= 110\times 10^7 =$ 11억

4 제1수 = 호선 = 10471975.51 = $r\theta$,

$$\text{제2수} = \frac{\text{제1수}\times\text{누승수}}{\text{제1제수}} = \frac{10471975.51\times 10966227.11}{\text{6천만}} = 1913967.69 = \frac{r\theta^3}{3!},$$

$$\text{제3수} = \frac{\text{제2수}\times\text{누승수}}{\text{제2제수}} = \frac{1913967.69\times 10966227.11}{\text{2억}} = 104945.02 = \frac{r\theta^5}{5!},$$

$$\text{제4수} = \frac{\text{제3수}\times\text{누승수}}{\text{제3제수}} = \frac{104945.02\times 10966227.11}{\text{4억2천만}} = 2740.18^{10)} = \frac{r\theta^7}{7!},$$

$$\text{제5수} = \frac{\text{제4수}\times\text{누승수}}{\text{제4제수}} = \frac{2740.18\times 10966227.11}{\text{7억2천만}} = 41.74^{11)} = \frac{r\theta^9}{9!},$$

$$\text{제6수} = \frac{\text{제5수}\times\text{누승수}}{\text{제5제수}} = \frac{41.74\times 10966227.11}{\text{11억}} = 0.41 = \frac{r\theta^{11}}{11!}$$

5 제1수 + 제3수 + 제5수 = 10471975.51 + 104945.02 + 41.74 = 10576962.27,
제2수 + 제4수 + 제6수 = 1913967.69 + 2740.18 + 0.41 = 1916708.28

6 (제1수 + 제3수 + 제5수) − (제2수 + 제4수 + 제6수)

$$= r\theta - \frac{r\theta^3}{3!} + \frac{r\theta^5}{5!} - \frac{r\theta^7}{7!} + \frac{r\theta^9}{9!} - \frac{r\theta^{11}}{11!}$$

$$= 10576962.27 - 1916708.28 = 8660253.99^{12)} = \text{정현} = 10^7\times\sin\left(\frac{\pi}{3}\right)$$

정시 구하는 법(求正矢法)

호선〔10471975.51〕을 제곱해서 얻은 수를 반지름〔1천만〕으로 나누면 10966227.11을 얻고, 이것이 누승수가 된다.[1]

〔정현을 구하는 법과 같다.〕

이와는 별도로 3과 4를 곱해서 12를 얻고 거기에 반지름을 곱하면 제1제수가 된다.

5와 6을 곱해서 30을 얻고 거기에 반지름을 곱하면 제2제수가 된다.

---

10) 맞는 계산은 2740.12이다. 이 문제에서는 해답을 정수자리까지만 취하므로 무시할 수 있는 오차이다.

11) 41.73에 더 가깝다.

12) 오류가 없었다면 8660254.03이었을 것이다.

7과 8을 곱해서 56을 얻고 거기에 반지름을 곱하면 제3제수가 된다.
9와 10을 곱해서 90을 얻고 거기에 반지름을 곱하면 제4제수가 된다.
11과 12를 곱해서 132를 얻고 거기에 반지름을 곱하면 제5제수가 된다.[2]
이에 누승수 절반을 써서 5483113.55를 얻고 제1수로 명한다.
누승수를 곱해서 제1제수 1억2천만으로 나누면 501075.57을 얻고, 이것이 제2수가 된다.
이에 누승수를 곱해서 제2제수 3억으로 나누면 18316.36을 얻고, 이것이 제3수가 된다.
이에 누승수를 곱해서 제3제수 5억6천만으로 나누면 358.68을 얻고, 이것이 제4수가 된다.
이에 누승수를 곱해서 제4제수 9억으로 나누면 4.37를 얻고, 이것이 제5수가 된다.
이에 누승수를 곱해서 제5제수 13억2천만으로 나누면 0.03를 얻고, 이것이 제6수가 된다.[3]
이것에서 제1, 제3, 제5수를 서로 합치고 제2, 제4, 제6수를 서로 합한다.[4]
서로 합한 수를 빼면 500만이 남고 정시가 된다.[5]
以弧線〔一千零四十七萬一千九百七十五小餘五一〕自乘得數
以半徑〔一千萬〕除之得一千萬零九十六萬六千二百二十七小餘一一 爲屢乘數〔與求正弦法同〕
另以三與四相乘得十二 以半徑乘之 爲第一除數
五與六相乘得三十 以半徑乘之 爲第二除數
七與八相乘得五十六 以半徑乘之 爲第三除數
九與十相乘得九十 以半徑乘之 爲第四除數
十一與十二相乘得一百三十二 以半徑乘之 爲第五除數
乃用屢乘數折半 得五百四十八萬三千一百十三小餘五五 命爲第一數
以屢乘數乘之 以第一除數一億二十萬除之 得五十萬一千零七十五小餘五七 是爲第二數
仍以屢乘數乘之 以第二除數三億除之 得一萬八千三百一十六小餘三六 是爲第三數
仍以屢乘數乘之 以第三除數五億六千萬除之 得三百五十八小餘六八 是爲第

四數
仍以屢乘數乘之 以第四除數九億除之 得四小餘三七 是爲第五數
仍以屢乘數乘之 以第五除數十三億二千萬除之 得小餘0三 是爲第六數
於是以第一第三第五數相併 以第二第四第六數相併
兩併數相減 餘五百萬 爲正矢也

☞ **역자 주 2:** 위의 풀이에 표시한 각 과정을 현재의 기호로 나타내면 다음과 같다.

1 누승수 $= \dfrac{\text{호선}^2}{\text{반지름}} = \dfrac{10471975.51^2}{\text{1천만}} = 10966227.11 = r\theta^2$

2 제1제수=3×4×반지름=12×10^7=1억 2천만,
제2제수=5×6×반지름=30×10^7=3억,
제3제수=7×8×반지름=56×10^7=5억 6천만,
제4제수=9×10×반지름=90×10^7=9억,
제5제수=11×12×반지름=132×10^7=13억 2천만

3 제1수 $= \dfrac{\text{누승수}}{2} = \dfrac{10966227.11}{2} = 5483113.55 = \dfrac{r\theta^2}{2!}$

제2수 $= \dfrac{\text{제1수}\times\text{누승수}}{\text{제1제수}} = \dfrac{5483113.55\times 10966227.11}{\text{1억2천만}} = 501075.57 = \dfrac{r\theta^4}{4!}$,

제3수 $= \dfrac{\text{제2수}\times\text{누승수}}{\text{제2제수}} = \dfrac{501075.57\times 10966227.11}{\text{3억}} = 18316.36 = \dfrac{r\theta^6}{6!}$,

제4수 $= \dfrac{\text{제3수}\times\text{누승수}}{\text{제3제수}} = \dfrac{18316.36\times 10966227.11}{\text{5억6천만}} = 358.68 = \dfrac{r\theta^8}{8!}$,

제5수 $= \dfrac{\text{제4수}\times\text{누승수}}{\text{제4제수}} = \dfrac{358.68\times 10966227.11}{\text{9억}} = 4.37 = \dfrac{r\theta^{10}}{10!}$,

제6수 $= \dfrac{\text{제5수}\times\text{누승수}}{\text{제5제수}} = \dfrac{4.37\times 10966227.11}{\text{13억2천만}} = 0.03 = \dfrac{r\theta^{12}}{12!}$

4 제1수+제3수+제5수=5483113.55+18316.36+4.37=5501434.28,
제2수+제4수+제6수=501075.57+358.68+0.03=501434.28

5 (제1수+제3수+제5수)−(제2수+제4수+제6수)

$= \dfrac{r\theta^2}{2!} - \dfrac{r\theta^4}{4!} + \dfrac{r\theta^6}{6!} - \dfrac{r\theta^8}{8!} + \dfrac{r\theta^{10}}{10!} - \dfrac{r\theta^{12}}{12!}$

=5501434.28−5501434.28=5000000=정시=$10^7 - 10^7\times\cos(\frac{\pi}{3})$

〔3-2〕 30°호선은 5235987.75이다.[1]

문제 **정현과 정시는 각각 얼마인가?**

해답 **정현 500만**

정시 1339746

三十度 弧線爲五百二十三萬五千七百八十七 小餘七五

問 正弦正矢各幾何

答曰 正弦 五百萬

正矢 一百三十三萬九千七百四十六

정현 구하는 법(求正弦法)

호선〔5235987.75〕을 제곱해서 얻은 수를 반지름〔1천만〕으로 나누면 2741556.77을 얻고 이것이 누승수가 된다.[2]

전의 방법에 의거해서 구한다. 〔제수는 전의 규칙과 모두 같다.〕

제1수는 5235987.75가 된다.

제2수는 239245.96이 된다.

제3수는 3279.53이 된다.

제4수는 21.40이 된다.[3]

이것에서 제1수와 제3수를 서로 합하고 제2수와 제4수를 서로 합한다.[4]

서로 합한 수를 빼면 4999999.92가 남고 정현이 된다.[5]

以弧線〔五百二十三萬五千九百八十七 小餘七五〕自乘得數

以半徑〔一千萬〕除之 得二百七十四萬一千五百五十六小餘七七 爲屢乘數

依前法求之 〔除數幷同前率〕

第一數爲五百二十三萬五千九百八十七小餘七五

第二數爲二十三萬九千二百四十五小餘九六

第三數爲三千二百七十九小餘五三

第四數爲二十一小餘四0

於是以第一第三數相倂 以第二第四數相倂

兩倂數相減 餘四百九十九萬九千九百九十九小餘九二 爲正弦也

☞ **역자 주 1:** 위의 풀이에 표시한 각 과정을 현재의 기호로 나타내면 다음과 같다.

1 호선 $= \frac{\pi}{6} \times 10^7 = 5235987.75$

2 누승수 $= \frac{\text{호선}^2}{\text{반지름}} = \frac{5235987.75^2}{\text{1천만}} = 2741556.77$

3 제1수 = 호선 = 5235987.75,

$\text{제2수} = \frac{\text{제1수} \times \text{누승수}}{\text{제1제수}} = \frac{5235987.75 \times 2741556.77}{\text{6천만}} = 239245.96,$

$\text{제3수} = \frac{\text{제2수} \times \text{누승수}}{\text{제2제수}} = \frac{239245.96 \times 2741556.77}{\text{2억}} = 3279.53,$

$\text{제4수} = \frac{\text{제3수} \times \text{누승수}}{\text{제3제수}} = \frac{3279.53 \times 2741556.77}{\text{4억2천만}} = 21.40$

4 제1수 + 제3수 = 5235987.75 + 3279.53 = 5239267.28,
제2수 + 제4수 = 239245.96 + 21.40 = 239267.36]

5 (제1수 + 제3수) − (제2수 + 제4수) = 5239267.28 − 239267.36 = 4999999.92 = 정현

만약 더 자세하게 구하고 싶으면 다시 제4수를 써서 실로 삼아 누승수를 곱하고 제4제수 7억2천만으로 나누어 0.08을 얻으면 이것이 제5수가 된다.[6]
전에 얻은 정현에 더하면 꼭 맞게 500만이 되나 그 차이는 거의 없다.[7]
苟欲細推 則復用第四數爲實 以屢乘數乘之 以第四除數七億二千萬除之 得小餘0八 是爲第五數
以加於前所得正弦 則恰爲五百萬 然其所差無幾矣

☞ **역자 주 :** 풀이에 표시한 각 과정을 현재의 기호로 나타내면 다음과 같다.

6 $\text{제5수} = \frac{\text{제4수} \times \text{누승수}}{\text{제4제수}} = \frac{21.40 \times 2741556.77}{\text{7억 2천만}} = 0.08$

7 4999999.92 + 0.08 = 500만 = 정현

제4수의 자릿수가 제4제수에서 누승수를 뺀 것의 자릿수에 비해 한 자리 이상 크면 반드시 제5수가 있다.
만약 제4수와 누승수를 서로 곱한 것의 머릿수가 제4제수의 머릿수에 미치지 못하면 반드시 두 자리보다 많은 이후에 제5수가 있다.

第四數之位數比第四除數内減屢乘數之餘位數多一位以上 則必有第五數 若第四數與屢乘數相乘頭數不及第四除數之頭數 則必多二位然後 有第五數也

정시 구하는 법(求正矢法)

호선〔5235987.75〕를 제곱해서 얻은 수를 반지름〔1천만〕으로 나누면 2741556.77을 얻고 이것이 누승수가 된다.[1]

전의 방법에 의거해서 구한다. 〔제수는 전의 규칙과 모두 같다.〕

제1수는 1370778.39가 된다.

제2수는 31317.22가 된다.

제3수는 286.19가 된다.

제4수는 1.40이 된다.[2]

이것에서 제1수와 제3수를 서로 합하고 제2수와 제4수를 서로 합한다.[3]

서로 합한 수를 빼면 1339745.96이 남고 정시가 된다.[4]

以弧線〔五百二十三萬五千九百八十七 小餘七五〕自乘得數

以半徑〔一千萬〕除之 得二百七十四萬一千五百五十六小餘七七 爲屢乘數

依前法求之 〔除數幷同前率〕

第一數爲一百三十七萬零七百七十八小餘三九

第二數爲三萬一千三百十七小餘二二

第三數爲二百八十六小餘一九

第四數爲一小餘四0

於是以第一第三數相併 以第二第四數相併

兩併數相減 餘一百三十三萬九千七百四十五小餘九六 爲正矢也

☞ **역자 주 2:** 위의 풀이에 표시한 각 계산 과정을 현재의 기호로 나타내면 다음과 같다.

[1] $\text{누승수} = \dfrac{\text{호선}^2}{\text{반지름}} = \dfrac{5235987.75^2}{\text{1천만}} = 2741556.77$

[2] $\text{제1수} = \dfrac{\text{누승수}}{2} = \dfrac{2741556.77}{2} = 1370778.39,$

$\text{제2수} = \dfrac{\text{제1수} \times \text{누승수}}{\text{제1제수}} = \dfrac{1370778.39 \times 2741556.77}{\text{1억2천만}} = 31317.22,$

$$제3수 = \frac{제2수 \times 누승수}{제2제수} = \frac{31317.22 \times 2741556.77}{3억} = 286.19,$$

$$제4수 = \frac{제3수 \times 누승수}{제3제수} = \frac{286.19 \times 2741556.77}{5억6천만} = 1.40$$

3 제1수 + 제3수 = 1370778.39 + 286.19 = 1371064.58,
제2수 + 제4수 = 31317.22 + 1.40 = 31318.62

4 (제1수 + 제3수) − (제2수 + 제4수) = 1371064.58 − 31318.62
= 1339745.96 = 정시

〔3-3〕 3° 호선은 523598.77이다.
문제 정현과 정시는 각각 얼마인가?
해답 정현 523360 조금 모자람
정시 13705 조금 모자람

三度 弧線爲五十二萬三千五百九十八 小餘七七
問 正弦正矢各幾何
答曰 正弦 五十二萬三千三百六十弱
正矢 一萬三千七百零五弱

정현 구하는 법(求正弦法)

호선〔523598.77〕을 제곱해서 얻은 수를 반지름〔1천만〕으로 나누면 27415.57을 얻고 이것이 누승수가 된다.[1]
전의 방법에 의거해서 구한다. 〔제수는 전의 규칙과 모두 같다.〕
제1수는 523598.77가 된다.
제2수는 239.25이 된다.
제3수는 0.03이 된다.
제4수는 없다.[2]
여기서 제1수와 제3수를 서로 합치고 제2수를 빼면 523359.55가 남고 정현이 된다.[3]
以弧線〔五十二萬三千五百九十八小餘七七〕自乘得數
以半徑〔一千萬〕除之 得二萬七千四百一十五小餘五七 爲屢乘數
依前法求之 〔除數幷同前率〕
第一數爲五十二萬三千五百九十八小餘七七

第二數爲二百三十九小餘二五
第三數爲小餘0三
第四數無
於是以第一第三數相倂內減第二數 餘五十二萬三千三百五十九小餘五五 爲正弦也

☞ **역자 주 1**: 위의 풀이에 표시한 각 과정을 현재의 기호로 나타내면 다음과 같다.

1 $\text{누승수} = \frac{\text{호선}^2}{\text{반지름}} = \frac{523598.77^2}{\text{1천만}} = 27415.57$

2 $\text{제1수} = \text{호선} = 523598.77,$

$\text{제2수} = \frac{\text{제1수} \times \text{누승수}}{\text{제1제수}} = \frac{523598.77 \times 27415.57}{\text{6천만}} = 239.25,$

$\text{제3수} = \frac{\text{제2수} \times \text{누승수}}{\text{제2제수}} = \frac{239.25 \times 27415.57}{\text{2억}} = 0.03,$

$\text{제4수} = \frac{\text{제3수} \times \text{누승수}}{\text{제3제수}} = \frac{0.03 \times 27415.57}{\text{4억2천만}} = 0.000001958$

3 $(\text{제1수} + \text{제3수}) - \text{제2수} = (52398.77 + 0.03) - 239.25 = 523359.55 = \text{정현}$

정시 구하는 법(求正矢法)

호선[523598.77]을 제곱해서 얻은 수를 반지름[1천만]으로 나누면 27415.57을 얻고 이것이 누승수가 된다.[1]
전의 방법에 의거해서 구한다. [제수는 전의 규칙과 모두 같다.]
제1수는 13707.78이 된다.
제2수는 3.13이 된다.
제3수와 제4수는 없다.[2]
이로부터 제1수에서 제2수를 빼면 13704.65이 남고 정시가 된다.[3]
以弧線[五十二萬三千五百九十八小餘七七]自乘得數
以半徑[一千萬]除之得二萬七千四百一十五小餘五七 爲屢乘數
依前法求之 [除數幷同前率]
第一數爲一萬三千七百零七小餘七八
第二數爲三小餘一三

第三第四數無
於是以第一數內減第二數 餘一萬三千七百零四小餘六五 爲正矢也

☞ **역자 주 2:** 위의 풀이에 표시한 각 과정을 현재의 기호로 나타내면 다음과 같다.

1 $누승수 = \frac{호선^2}{반지름} = \frac{523598.77^2}{1천만} = 27415.57$

2 $제1수 = \frac{누승수}{2} = \frac{27415.57}{2} = 13707.78,$

$제2수 = \frac{제1수 \times 누승수}{제1제수} = \frac{13707.78 \times 27415.57}{1억2천만} = 3.13,$

$제3수 = \frac{제2수 \times 누승수}{제2제수} = \frac{3.13 \times 27415.57}{3억} = 0.0000286035,$

$제4수 = \frac{제3수 \times 누승수}{제3제수} \fallingdotseq 0$

3 $제1수 - 제2수 = 13707.78 - 3.13 = 13704.65 = 정시$

〔3-4〕 5′ 호선은 14544.41이다.
문제 정현과 정시는 각각 얼마인가?
해답 정현 14544 조금 넘음
정시 11 조금 모자람
五分弧線爲一萬四千五百四十四小餘四一
問 正弦正矢各幾何
答曰 正弦 一萬四千五百四十四强
正矢 一十一弱

정현 구하는 법(求正弦法)
호선〔14544.41〕을 제곱해서 얻은 수를 반지름〔1천만〕으로 나누면 21.15를 얻고 이것이 누승수가 된다.[1]
전의 방법에 의거해서 구한다. 〔제수는 전의 규칙과 모두 같다.〕
제1수는 14544.41이 된다.
제2수는 0.01이 된다.

제3수와 제4수는 없다.[2]
여기서 제1수에서 제2수를 빼면 14544.40이 남고 정현이 된다.[3]
以弧線〔一萬四千五百四十四小餘四一〕自乘得數
以半徑〔一千萬〕除之 得二十一小餘一五 爲屢乘數
依前法求之〔除數幷同前率〕
第一數爲一萬四千五百四十四小餘四一
第二數爲小餘0一
第三第四數無
於是以第一數內減第二數 餘一萬四千五百四十四小餘四0 爲正弦也

☞ **역자 주 1**: 위의 풀이에 표시한 각 과정을 현재의 기호로 나타내면 다음과 같다.

[1] $누승수 = \dfrac{호선^2}{반지름} = \dfrac{14544.41^2}{1천만} = 21.15$

[2] 제1수 = 호선 = 14544.41,
$제2수 = \dfrac{제1수 \times 누승수}{제1제수} = \dfrac{14544.41 \times 21.15}{6천만} = 0.01,$
$제3수 = \dfrac{제2수 \times 누승수}{제2제수} = \dfrac{0.01 \times 21.15}{2억} \fallingdotseq 0,$
$제4수 = \dfrac{제3수 \times 누승수}{제3제수} \fallingdotseq 0$

[3] 제1수 − 제2수 = 14544.41 − 0.01 = 14544.40 = 정현

정시 구하는 법(求正矢法)

호선〔14544.41〕을 제곱해서 얻은 수를 반지름〔1천만〕으로 나누면 21.15을 얻고 이것이 누승수가 된다.[1]
전의 방법에 의거해서 구한다. 〔제수는 전의 규칙과 모두 같다.〕
제1수는 10.57이 된다.
제2·제3·제4수는 없다.[2]
이에 제1수가 정시가 된다.[3]
以弧線〔一萬四千五百四十四小餘四一〕自乘得數
以半徑〔一千萬〕除之得二十一小餘一五 爲屢乘數

依前法求之〔除數幷同前率〕
第一數爲一十零小餘五七
第二第三第四數無
仍以第一數爲正矢也

☞ **역자 주 2:** 위의 풀이에 표시한 각 과정을 현재의 기호로 나타내면 다음과 같다.

1 $\text{누승수} = \dfrac{\text{호선}^2}{\text{반지름}} = \dfrac{14544.41^2}{\text{1천만}} = 21.15$

2 $\text{제1수} = \dfrac{\text{누승수}}{2} = \dfrac{21.15}{2} = 10.57,$

$\text{제2수} = \dfrac{\text{제1수} \times \text{누승수}}{\text{제1제수}} = \dfrac{10.57 \times 21.15}{\text{1억2천만}} = 0.000001862,$

$\text{제3수} = \dfrac{\text{제2수} \times \text{누승수}}{\text{제2제수}} \fallingdotseq 0,$

$\text{제4수} = \dfrac{\text{제3수} \times \text{누승수}}{\text{제3제수}} \fallingdotseq 0$

3 제1수＝정시

〔3-5〕 반지름이 12척이면 40°호선은 8척3촌7분7리5호소여(小餘; 뒤에 남은 수)8이다.

문제 정현과 정시는 각각 얼마인가?

해답 정현 7척7촌1분3리4호 반

정시 2척8촌0분7리5호 조금 모자람

設半徑十二尺則四十度弧線爲八尺三寸七分七釐五毫小餘八
問 正弦正矢各幾何
答曰 正弦 七尺七寸一分三釐四毫半
正矢 二尺八寸零七釐五毫弱

정현 구하는 법(求正弦法)

호선〔8척3촌7분7리5호소여(小餘)8〕을 제곱해서 얻은 수를 반지름〔12척〕으로 나누면 5척8촌4분8리6호소여5를 얻고 이것이 누승수가 된다.[1]

이와는 별도로 2와 3을 곱해서 6을 얻고 거기에 반지름을 곱하면 제1제수가 된다.
4와 5를 곱해서 20을 얻고 거기에 반지름을 곱하면 제2제수가 된다.
6와 7을 곱해서 42을 얻고 거기에 반지름을 곱하면 제3제수가 된다.[2]
이에 호선8척3촌7분7리5호소여(小餘)8을 써서 제1수로 명한다.
누승수를 곱해서 제1제수 72으로 나누면 6촌8분0리5호소여2를 얻고 이것이 제2수가 된다.
이에 누승수를 곱해서 제2제수 240으로 나누면 1분6리5호소여8을 얻고 이것이 제3수가 된다.
이에 누승수를 곱해서 제3제수 504로 나누면 1호소여9를 얻고 이것이 제4수가 된다.[3]
이것에서 제1수와 제3수를 서로 합치고 제2수와 제4수를 서로 합한다.[4]

서로 합한 수를 빼면 7척7촌1분3리4호소여5가 남고 정현이 된다.[5]
以弧線〔八尺三寸七分七釐五毫小餘八〕自乘得數
以半徑〔十二尺〕除之 得五尺八寸四分八釐六毫小餘五 爲屢乘數
另以二與三相乘 得六以半徑乘之 爲第一除數
四與五相乘 得二十以半徑乘之 爲第二除數
六與七相乘 得四十二以半徑乘之 爲第三除數
乃用弧線八尺三寸七分七釐五毫小餘八 命爲第一數
以屢乘數乘之 以第一除數七十二除之 得六寸八分零五毫小餘二 是爲第二數
仍以屢乘數乘之 以第二除數二百四十除之 得一分六毫小餘八 是爲第三數
仍以屢乘數乘之 以第三除數五百零四除之 得一毫小餘九 是爲第四數
於是以第一第三數相併 以第二第四數相併
兩併數相減 餘七尺七寸一分三釐四毫小餘五 爲正弦也

☞ **역자 주 1:** 위의 풀이에 표시한 각 과정을 현재의 기호로 나타내면 다음과 같다.

[1] 누승수 $= \dfrac{\text{호선}^2}{\text{반지름}} = \dfrac{8.37758^2}{12} = 5.84865$

[2] 제1제수 $= 2 \times 3 \times$ 반지름 $= 6 \times 12 = 72$,
제2제수 $= 4 \times 5 \times$ 반지름 $= 20 \times 12 = 240$,

제3제수 = 6 × 7 × 반지름 = 42 × 12 = 504

3 제1수 = 호선 = 8.37758,

$$제2수 = \frac{제1수 \times 누승수}{제1제수} = \frac{8.377585 \times 5.84865}{72} = 0.68052,$$

$$제3수 = \frac{제2수 \times 누승수}{제2제수} = \frac{0.68052 \times 5.84865}{240} = 0.01658,$$

$$제4수 = \frac{제3수 \times 누승수}{제3제수} = \frac{0.01658 \times 5.84865}{504} = 0.00019$$

4 제1수 + 제3수 = 8.37758 + 0.01658 = 8.39416,
제2수 + 제4수 = 0.68052 + 0.00019 = 0.68071

5 (제1수 + 제3수) − (제2수 + 제4수) = 8.39416 − 0.68071 = 7.71345 = 정현

정시 구하는 법(求正矢法)

호선〔8척3촌7분7리5호소여8〕을 제곱해서 얻은 수를 반지름〔12척〕으로 나누면 5척8촌4분8리6호소여5를 얻고 이것이 누승수가 된다.[1] 정현을 구하는 법과 같다.

이와는 별도로 3와 4를 곱해서 12를 얻고 거기에 반지름을 곱하면 제1제수가 된다.

5와 6을 곱해서 30을 얻고 거기에 반지름을 곱하면 제2제수가 된다.

7과 8을 곱해서 56을 얻고 거기에 반지름을 곱하면 제3제수가 된다.[2]

이에 누승수 절반을 써서 2척9촌2분4리3호소여3을 얻고 제1수로 명한다.

누승수를 곱해서 제1제수 144로 나누면 1촌1분8리7호소여7을 얻고, 이것이 제2수가 된다.

이에 누승수를 곱해서 제2제수 360으로 나누면 1리9호소여3을 얻고, 이것이 제3수가 된다.

이에 누승수를 곱해서 제3제수 672으로 나누면 소여2를 얻고, 이것이 제4수가 된다.[3]

이것에서 제1수와 제3수를 서로 합하고 제2수와 제4수를 서로 합한다.[4]

서로 합한 수를 빼면 2척8촌0분7리4호소여7이 남고 정시가 된다.[5]

以弧線〔八尺三寸七分七釐五毫 小餘八〕自乘得數

以半徑〔十二尺〕除之 得五尺八寸四分八釐六毫小餘五 爲屢乘數
〔與求正弦法同〕
另以三與四相乘得十二 以半徑乘之 爲第一除數
五與六相乘得三十 以半徑乘之 爲第二除數
七與八相乘得五十六 以半徑乘之 爲第三除數
乃用屢乘數折半 得二尺九寸二分四釐三毫小餘三 命爲第一數
仍以屢乘數乘之 以第一除數一百四十四除之 得一寸一分八釐七毫小餘七 是爲第二數
仍以屢乘數乘之 以第二除數三百六十除之 得一釐九毫小餘三 是爲第三數
仍以屢乘數乘之 以第三除數六百七十二除之 得小餘二 是爲第四數
於是以第一第三數相倂 以第二第四數相倂
兩倂數相減 餘二尺八寸零七釐四毫小餘七 爲正矢也

☞ **역자 주 2**: 위의 풀이에 표시한 각 과정을 현재의 기호로 나타내면 다음과 같다.

① $\text{누승수} = \dfrac{\text{호선}^2}{\text{반지름}} = \dfrac{8.37758^2}{12} = 5.84865$

② 제1제수 = 3 × 4 × 반지름 = 12 × 12 = 144,
제2제수 = 5 × 6 × 반지름 = 30 × 12 = 360,
제3제수 = 7 × 8 × 반지름 = 56 × 12 = 672

③ $\text{제1수} = \dfrac{\text{누승수}}{2} = \dfrac{5.84865}{2} = 2.92433,$

$\text{제2수} = \dfrac{\text{제1수} \times \text{누승수}}{\text{제1제수}} = \dfrac{2.92433 \times 2.92433}{144} = 0.11877,$

$\text{제3수} = \dfrac{\text{제2수} \times \text{누승수}}{\text{제2제수}} = \dfrac{0.11877 \times 2.92433}{360} = 0.00193,$

$\text{제4수} = \dfrac{\text{제3수} \times \text{누승수}}{\text{제3제수}} = \dfrac{0.00193 \times 2.92433}{672} = 0.00002$

④ 제1수 + 제3수 = 2.92433 + 0.00193 = 2.92626,
제2수 + 제4수 = 0.11877 + 0.00002 = 0.11879

⑤ (제1수 + 제3수) − (제2수 + 제4수) = 2.92626 − 0.11879 = 2.80747 = 정시

四 현시구호도(弦矢求弧度)

현·시의 기술은 호배(弧背)[1]가 있으면 현·시를 구할 수 있고, 현·시가 있으면 호배를 구할 수 있으나 그러나 그 규칙이 이미 낯설다.

할원법(원을 자르는 법)에 이르러서는 이치가 정교하고 수가 정밀하나, 계산할 때 오로지 만들어둔 표에만 의지하니, 호도[2]에 따라 그것을 구하는 활법(活法)이 없음을 항상 한탄해왔다.

이제 현시를 구하는 빠른 기술은 기령[3](奇零)의 호도에 의지하여 만들어 졌으니, 육종법(六宗法)[4]에 불을 필요가 없고 삼요(三要)[5]에 의지하지 않고도 현·시를 얻을 수 있다.

참다운 기술의 기이함은 기이한 것이 아니나, 현·시로 호를 구하는 기술은 아직 부족하다.

학자는 이로부터 유추할 수 있을 것이다.

운대(芸臺) 완원(阮元)[6]이 말하길, 여러 차례 곱하고 나눈 후에 그 더하고 뺌의 줄어듦과 제곱 세제곱 등과 곽수경(郭守敬)[7]의 타적초차법

---

1) 

그림과 같이 현(弦)에 대응하는 호를 호배(弧背)라고 한다.

2) 이 책에서 호도는 각도를 뜻한다.

3) 단위(單位)이하의 단수(端數).

4) 원에 내접하는 정 육, 사, 삼, 오, 십, 십오각형 등 여섯 가지의 정다각형의 변의 길이를 구하는 것. 30°, 45°, 60°, 18°, 36°, 12°의 사인(sine)값 구하기.

5) 정현으로 여현구하기, 배각공식, 반각공식의 세 가지 법칙을 말한다.

6) 완원(阮元, 1764~1849), 중국 청나라의 정치가·학자로 강소성(江蘇省) 의징현(儀徵縣) 태생이며, 자는 백원(伯元), 호는 운대(雲臺)이다. 학자로서는 송학(宋學)을 배격하고 한학(漢學)을 숭상하여 직접적으로는 대진(戴震)의 학문을 계승하여 언어와 문자의 연구를 통해서 고대의 제도와 사상을 해명하려고 하였다. 그의 학문 영역은 매우 넓은데, 사학(史學)과 관련된 저서로 『주인전』이 있다. 여기서 '주인'(疇人)은 대대로 부조(父祖)의 가업을 계승하는 사람을 뜻한다.

(垜積招差法)[8]은 서로 같은 종류이다. 참으로 족히 지어낸 사람의 신비하고 오묘함을 밝혀주고, 후학에게 문경(門逕)[9]을 열어 보여 줄 수 있다.

그러므로 이에 그것을 위해 널리 설명하고 하나의 법칙을 마련했으니 여러 사람들이 원을 자르는 정밀함과 호시의 활법을 쓸 수 있을 것이다.

弦矢之術 有弧背可求弦矢 有弦矢可求弧背 然其率已疎
至於割圓之法 理精數密 然入算之際專籍立成之表 則常恨無隨度相求之活法矣
今弦矢捷術任設奇零之弧度 不必符乎六宗法 不必倚乎三要 而弦矢可得
誠術之奇莫奇者 而以弦矢求弧之術尚闕焉
學者因此而可以反隅而然歟
阮芸臺元曰
屢次乘除之後 其加減之衰 與平方立方 與郭守敬垜積招差法 相類
洵足以發明作者之秘奧 開示後學之門逕
故乃爲之演說 以備一法 庶可以割圓之精密 兼弧矢之活法矣

정현본률 구하기(求正弦本率)

제1수는 호선을 1〔즉 0과 1을 서로 곱해서 1을 얻는다.[10]〕로 나눈 것이다.[1]
제2수는 호선의 세제곱을 반지름의 제곱으로 나누고 다시 6〔즉 2와 3을 곱하면 6을 얻고, 위의 1을 곱하면 이에 6을 얻는다.〕으로 나눈 것이다.[2]
제3수는 호선의 다섯 제곱을 반지름의 네제곱으로 나누고 다시 120〔즉 4와 5를 곱하면 20을 얻고, 위의 6을 그것에 곱한 것이다.〕으로 나눈 것이다.[3]
제4수는 호선의 일곱 제곱을 반지름의 여섯 제곱으로 나누고 다시 5040〔즉 6과 7을 곱하면 42를 얻고, 위의 120을 그것에 곱한 것이다.〕으로 나눈 것이다.[4]
제5수는 호선의 아홉 제곱을 반지름의 여덟 제곱으로 나누고 다시 362880〔즉 8과 9를 곱하면 72를 얻고, 위의 5040을 그것에 곱한 것이다.〕으로

7) 곽수경(1231~1316) 원대의 수학자, 천문학자. 1280년 『수시력(授時曆)』간행
8) 보간식을 써서 급수의 합을 구하는 방법
9) 문경(門逕). 문 앞의 좁은 길, 단서.
10) 이것은 1!을 말하는 듯하다.

나눈 것이다. [5]
제6수는 호선의 십일 제곱을 반지름의 열 제곱으로 나누고 다시 39916800〔즉 10과 11을 곱하면 110을 얻고, 위의 362880을 그것에 곱한 것이다.〕으로 나눈 것이다. [6]

第一數 卽弧線 以一〔卽0與一相乘仍得一也〕除之

第二數 卽弧線立方積 以半徑平方積除之 又以六〔卽二與三相乘得六以上行一乘之仍得六也〕除之

第三數 卽弧線四乘積 以半徑三乘積除之 又以一百二十〔卽四與五相乘得二十以上行六乘之也〕除之

第四數 卽弧線六乘積 以半徑五乘積除之 又以五千零四十〔卽六與七相乘得四十二以上行一百二十乘之也〕除之

第五數 卽弧線八乘積 以半徑七乘積除之 又以三十六萬二千八百八十〔卽八與九相乘得七十二以上行五千零四十乘之也〕除之

第六數 卽弧線十乘積 以半徑九乘積除之 又以三千九百九十一萬六千八百〔卽十與十一相乘得一百一十以上行三十六萬二千八百八十乘之也〕除之

☞ **역자 주**: 위에 표시한 각 과정을 현재의 기호로 나타내면 다음과 같다.

[1] $\text{제1수} = \dfrac{\text{호선}}{1} = \dfrac{\text{호선}}{1!} = r\theta$

[2] $\text{제2수} = \dfrac{\text{호선}^3}{(\text{반지름})^2 6} = \dfrac{\text{호선}^3}{(\text{반지름})^2 3!} = \dfrac{r\theta^3}{3!}$

[3] $\text{제3수} = \dfrac{\text{호선}^5}{(\text{반지름})^4 120} = \dfrac{\text{호선}^5}{(\text{반지름})^4 5!} = \dfrac{r\theta^5}{5!}$

[4] $\text{제4수} = \dfrac{\text{호선}^7}{(\text{반지름})^6 5040} = \dfrac{\text{호선}^7}{(\text{반지름})^6 7!} = \dfrac{r\theta^7}{7!}$

[5] $\text{제5수} = \dfrac{\text{호선}^9}{(\text{반지름})^8 362880} = \dfrac{\text{호선}^9}{(\text{반지름})^8 9!} = \dfrac{r\theta^9}{9!}$

[6] $\text{제6수} = \dfrac{\text{호선}^{11}}{(\text{반지름})^{10} 39916800} = \dfrac{\text{호선}^{11}}{(\text{반지름})^{10} 11!} = \dfrac{r\theta^{11}}{11!}$

정시본률 구하기(求正矢本率)

제1수는 호선의 제곱을 반지름으로 나누고 또 2〔즉 1과 2를 서로 곱해서 2를 얻는다.〕로 나눈 것이다.[1]
제2수는 호선의 네제곱을 반지름의 세제곱으로 나누고 다시 24〔즉 3과 4를 곱하면 12를 얻고, 위의 2를 그것에 곱한 것이다.〕로 나눈 것이다.[2]
제3수는 호선의 여섯 제곱을 반지름의 다섯 제곱으로 나누고 다시 720〔즉 5와 6을 곱하면 30을 얻고, 위의 24를 그것에 곱한 것이다.〕으로 나눈 것이다.[3]
제4수는 호선의 여덟 제곱을 반지름의 일곱 제곱으로 나누고 다시 40320〔즉 7과 8을 곱하면 56을 얻고, 위의 720을 그것에 곱한 것이다.〕으로 나눈 것이다.[4]
제5수는 호선의 열 제곱을 반지름의 아홉 제곱으로 나누고 다시 3628800〔즉 9와 10을 곱하면 90을 얻고, 위의 40320을 그것에 곱한 것이다.〕으로 나눈 것이다.[5]
제6수는 호선의 열두 제곱을 반지름의 열 한 제곱으로 나누고 다시 479001600〔즉 11과 12를 곱하면 132를 얻고, 위의 3628800을 그것에 곱한 것이다.〕으로 나눈 것이다.[6]
第一數 卽弧線平方積 以半徑除之 又以二〔卽一與二相乘仍得二也〕除之
第二數 卽弧線三乘積 以半徑立方積除之 又以二十四〔卽三與四相乘得十二以上行二乘之也〕除之
第三數 卽弧線五乘積 以半徑四乘積除之 又以七百二十〔卽五與六相乘得三十以上行二十四乘之也〕除之
第四數 卽弧線七乘積 以半徑六乘積除之 又以四萬零三百二十〔卽七與八相乘得五十六以上行七百二十乘之也〕除之
第五數 卽弧線九乘積 以半徑八乘積除之 又以三百六十二萬八千八百〔卽九與十相乘得九十以上行四萬零三百二十乘之也〕除之
第六數 卽弧線十一乘積 以半徑十乘積除之 又以四億七千九百萬一千六百〔卽十一與十二相乘得一百三十二以上行三百六十二萬八千八百乘之也〕除之

☞ **역자 주:** 위에 표시한 각 과정을 현재의 기호로 나타내면 다음과 같다.

1 제1수 $= \frac{호선^2}{(반지름)2} = \frac{호선^2}{(반지름)2!} = \frac{r\theta^2}{2!}$

2 제2수 $= \frac{호선^4}{(반지름)^3 24} = \frac{호선^4}{(반지름)^3 4!} = \frac{r\theta^4}{4!}$

3 제3수 $= \frac{호선^6}{(반지름)^5 720} = \frac{호선^6}{(반지름)^5 6!} = \frac{r\theta^6}{6!}$

4 제4수 $= \frac{호선^8}{(반지름)^7 40320} = \frac{호선^8}{(반지름)^7 8!} = \frac{r\theta^8}{8!}$

5 제5수 $= \frac{호선^{10}}{(반지름)^9 3628800} = \frac{호선^{10}}{(반지름)^9 10!} = \frac{r\theta^{10}}{10!}$

6 제6수 $= \frac{호선^{12}}{(반지름)^{11} 479001600} = \frac{호선^{12}}{(반지름)^{11} 12!} = \frac{r\theta^{12}}{12!}$

두덕미의 본법을 살펴보면 다만 45°이내만을 다루고, 간편함에 따라 정여(正餘)를 서로 구한다.
따라서 다만 4수만을 써서 그 실을 조사하면 홀수와 짝수의 종류에 서로 따르는 것이 장차 백·천·만·억에 이르러 궁함이 없으니, 이른바 모난 것은 다함이 있으나 둥근 것은 다함이 없다(方有盡而圓無盡).
그래서 현시의 쓰임은 1상한을 기준으로 삼고 비록 천도(天度)의 크기도 여덟 자리로 측량함에 그치는 것이다.
즉 45° 이내는 다만 4수를 쓰면 얻을 수 있고 45°보다 큰 것은 단지 6수를 쓰면 얻을 수 있다.
따라서 제5수와 제6수 역시 논의할 수 있다.
按杜德美本法 但就四十五度以內 正餘互求以從簡便
故只用四數而究其實 則奇數偶數之以類相從者將至百千萬億 而不窮
所謂方有盡而圓無盡也
然弦矢之用以一象限爲準 而雖天度之大測止於八位
則四十五度以內只用四數而可得 四十五度以外只用六數而可得
故第五第六數亦可論也

정현으로 호선 구하기(以正弦求弧線則)

39916800〔즉 2, 3, 4, 5, 6, 7, 8, 9, 10, 11을 연이어 곱한 수〕과 반지름의 열 제곱을 곱하면 제1렴 〔2번째 층에 놓임〕 정(正)이 된다. [1]
6652800〔즉 4, 5, 6, 7, 8, 9, 10, 11을 연이어 곱한 수〕과 반지름의 여덟 제곱을 곱하면 제3렴 〔4번째 층에 놓임〕 부(負)가 된다. [2]
332640〔즉 6, 7, 8, 9, 10, 11을 연이어 곱한 수〕과 반지름의 여섯 제곱을 곱하면 제5렴 〔6번째 층에 놓임〕 정이 된다. [3]
7920〔즉 8, 9, 10, 11을 연이어 곱한 수〕과 반지름의 네제곱을 곱하면 제7렴 〔8번째 층에 놓임〕 부 가 된다. [4]
110 〔즉 10과 11을 곱한 수〕과 반지름의 제곱을 곱하면 제9렴 〔10번째 층에 놓임〕 정이 된다. [5]
1은 우(隅) 〔12번째 층에 놓임〕 부 가 된다. [6]
제1렴과 정현을 곱하면 실이 되고 〔첫 번째 층에 놓임〕 11차 방정식을 써서 풀면 호선($r\theta = x$)을 얻는다. [7]

三千九百九十一萬六千八百〔卽二三四五六七八九十十一連乘數〕乘半徑九乘積　爲第一廉〔在第二層〕正
六百六十五萬二千八百〔卽四五六七八九十十一連乘數〕乘半徑七乘積 爲第三廉〔在第四層〕負
三十三萬二千六百四十〔卽六七八九十十一連乘數〕乘半徑五乘積 爲第五廉〔在第六層〕正
七千九百二十〔卽八九十十一連乘數〕乘半徑三乘積 爲第七廉〔在第八層〕負
一百一十〔卽十與十一相乘數〕乘半徑平方積 爲第九廉〔在第十層〕正
一爲隅〔在第十二層〕負
以第一廉乘正弦 爲實〔在第一層〕
用十乘方法 開之 得弧線

☞ **역자 주 :** 위에 표시한 각 과정을 현재의 기호로 나타내면 다음과 같다.

[1] 제1렴 정 $= 39916800(\text{반지름})^{10} = 11!(\text{반지름})^{10}$: 2층

2 제3렴 부$=-6652800$(반지름)$^8=-\frac{11!}{3!}$(반지름)^8 : 4층

3 제5렴 정$=332640$(반지름)$^6=\frac{11!}{5!}$(반지름)^6 : 6층

4 제7렴 부$=-7920$(반지름)$^4=-\frac{11!}{7!}$(반지름)^4 : 8층

5 제9렴 정$=110$(반지름)$^2=\frac{11!}{9!}$(반지름)^2 : 10층

6 우법 부$=-1$

7 제1렴법$\times$정현$=39916800$(반지름)$^{10}\times$정현

$=39916800$(반지름)$^{10}x-6652800$(반지름)$^8x^3$

$+332640$(반지름)$^6x^5-7920$(반지름)$^4x^7+110$(반지름)$^2x^9-x^{11}$,

$11!$(반지름)$^{10}\times$정현$=11!$(반지름)$^{10}x-\frac{11!}{3!}$(반지름)$^8x^3+\frac{11!}{5!}$(반지름)$^6x^5$

$-\frac{11!}{7!}$(반지름)$^4x^7+\frac{11!}{9!}$(반지름)$^2x^9-x^{11}$,

정현$=r\sin\theta=r\theta-\frac{r\theta^3}{3!}+\frac{r\theta^5}{5!}-\frac{r\theta^7}{7!}+\frac{r\theta^9}{9!}-\frac{r\theta^{11}}{11!}$

정시로 호선 구하기(以正矢求弧線則)

239500800〔즉 3, 4, 5, 6, 7, 8, 9, 10, 11, 12를 연이어 곱한 수〕과 반지름의 열 제곱을 곱하면 제2렴 〔3번째 층에 놓임〕 정(正)이 된다.[1]
19958400〔즉 5, 6, 7, 8, 9, 10, 11, 12를 연이어 곱한 수〕과 반지름의 여덟 제곱을 곱하면 제4렴 〔5번째 층에 놓임〕 부가 된다.[2]
665280〔즉 7, 8, 9, 10, 11, 12를 연이어 곱한 수〕과 반지름의 여섯 제곱을 곱하면 제6렴 〔7번째 층에 놓임〕 정이 된다.[3]
11880〔즉 9,10,11,12를 연이어 곱한 수〕과 반지름의 네제곱을 곱하면 제8렴 〔9번째 층에 놓임〕 부가 된다.[4]
132〔즉 11과 12를 곱한 수〕와 반지름의 제곱을 곱하면 제10렴 〔11번째 층에 놓임〕 정이 된다.[5]
1은 우(隅) 〔13 번째 층에 놓임〕 부(負)가 된다.[6]

479001600〔즉 2, 3, 4, 5, 6, 7, 8, 9, 10, 11, 12를 연이어 곱한 수〕과 반지름의 열 한 제곱을 곱하고 정시로 곱하면 실 〔1층에 놓임〕이 된다.[7]
12차 방정식을 써서 풀면 호선($r\theta = x$)을 얻는다.[8]

二億三千九百五十萬零八百〔卽三四五六七八九十十一十二連乘數〕乘半徑九乘積 爲第二廉〔在第三層〕正
一千九百九十五萬八千四百〔卽五六七八九十十一十二連乘數〕乘半徑七乘積 爲第四廉〔在第五層〕負
六十六萬五千二百八十〔卽七八九十十一十二連乘數〕乘半徑五乘積 爲第六廉〔在第七層〕正
一萬一千八百八十〔卽九十十一十二連乘數〕乘半徑三乘積 爲第八廉〔在第九層〕負
一百三十二〔卽十一與十二相乘數〕乘半徑平方積 爲第十廉〔在第十一層〕正
一爲隅〔在第十三層〕負
四億七千九百萬一千六百〔卽二三四五六七八九十十一十二連乘數〕乘半徑十乘積 以乘正矢 爲實〔在第一層〕
用十一乘方法 開之 得弧線

☞ **역자 주**: 위에 표시한 각 과정을 현재의 기호로 나타내면 다음과 같다.

[1] 제2렴 정 $= 239500800(\text{반지름})^{10} = \dfrac{12!}{2!}(\text{반지름})^{10}$: 3층

[2] 제4렴 부 $= -19958400(\text{반지름})^{8} = -\dfrac{12!}{4!}(\text{반지름})^{8}$: 5층

[3] 제6렴 정 $= 665280(\text{반지름})^{6} = \dfrac{12!}{6!}(\text{반지름})^{6}$: 7층

[4] 제8렴 부 $= -11880(\text{반지름})^{4} = -\dfrac{12!}{8!}(\text{반지름})^{4}$: 9층

[5] 제10렴 정 $= 110(\text{반지름})^{2} = \dfrac{12!}{10!}(\text{반지름})^{2}$: 11층

[6] 우법 부 $= -1$

[7] $479001600(\text{반지름})^{11} \times$ 정시 $= 12!(\text{반지름})^{11} \times$ 정시 : 실

8 $12!(\text{반지름})^{11} \times \text{정시} = \frac{12!}{2!}(\text{반지름})^{10}x^2 - \frac{12!}{4!}(\text{반지름})^8 x^4 + \frac{12!}{6!}(\text{반지름})^6 x^6 - \frac{12!}{8!}(\text{반지름})^4 x^8 + \frac{12!}{10!}(\text{반지름})^2 x^{10} - x^{12}$,

$479001600(\text{반지름})^{11} \times \text{정시} = 239500800(\text{반지름})^{10}x^2 - 19958400(\text{반지름})^8 x^4 + 665280(\text{반지름})^6 x^6 - 11880(\text{반지름})^4 x^8 + 110(\text{반지름})^2 x^{10} - x^{12}$,

$\text{정시} = r - r\cos\theta = \frac{r\theta^2}{2!} - \frac{r\theta^4}{4!} + \frac{r\theta^6}{6!} - \frac{r\theta^8}{8!} + \frac{r\theta^{10}}{10!} - \frac{r\theta^{12}}{12!}$

이상은 현시로 호선을 구하는 대강의 방법이다.
이제 번거로움을 버리고 간단함으로 나가는 방도에 있어 그것은 여러 단초가 있다.
右以弦矢反求弧線之大綱也
今去繁就簡之道厥有數端

(1) 하나는, 정시는 제1수를 먼저 구한다.
정시로 호선을 구하는 것은 마땅히 12차 방정식을 풀어야 하는데, 다만 4수를 써도 8차 방정식을 풀어야 한다.[1]
그러나 먼저 제1수를 구하면 6수를 쓰는 것은 6차 방정식을 풀고, 4수를 쓰는 것은 4차 방정식을 푼다.
얻어진 것을 두 배한 후 제곱을 풀면 호선을 얻는다.
一曰 正矢先求第一數
以正矢求弧線者須開十一乘方 只用四數亦開七乘方
而先求第一數 則用六數者開五乘方 用四數者開三乘方
得之 仍倍數 開平方 得弧線也

☞ **역자 주:** 위에서 표시한 각 과정을 현재의 기호로 나타내면 다음과 같다.

1 6수를 쓸 때:

$12!(\text{반지름})^{11} \times \text{정시} = \frac{12!}{2!}(\text{반지름})^{10}x^2 - \frac{12!}{4!}(\text{반지름})^8 x^4 + \frac{12!}{6!}(\text{반지름})^6 x^6 - \frac{12!}{8!}(\text{반지름})^4 x^8 + \frac{12!}{10!}(\text{반지름})^2 x^{10} - x^{12}$,

4수를 쓸 때:

$8!(\text{반지름})^7 \times \text{정시} = \frac{8!}{2!}(\text{반지름})^6 x^2 - \frac{8!}{4!}(\text{반지름})^4 x^4 + \frac{8!}{6!}(\text{반지름})^2 x^6 - x^8$

(2) 또 하나는, 정현은 먼저 정시를 구한다.
정현으로 호선을 구하는 것은 마땅히 11차 방정식을 풀어야 하는데, 다만 4수를 써도 또 7차 방정식을 풀어야 한다.[2]
따라서 먼저 정시를 구하고 정시를 써서 제1수를 구하고 법에 따른다.
一曰 正弦先求正矢
以正弦求弧線者須開十乘方 只用四數亦開六乘方
故先求正矢 用正矢 求第一數 法御之

☞ **역자 주** : 위에서 표시한 각 과정을 현재의 기호로 나타내면 다음과 같다.

[2] 6수를 쓸 때:

$$11!(\text{반지름})^{10}\times \text{정현}=11!(\text{반지름})^{10}x-\frac{11!}{3!}(\text{반지름})^{8}x^{3}+\frac{11!}{5!}(\text{반지름})^{6}x^{5}-\frac{11!}{7!}(\text{반지름})^{4}x^{7}+\frac{11!}{9!}(\text{반지름})^{2}x^{9}-x^{11}$$

4수를 쓸 때:

$$7!(\text{반지름})^{6}\times \text{정현}=7!(\text{반지름})^{6}x-\frac{7!}{3!}(\text{반지름})^{4}x^{3}+\frac{7!}{5!}(\text{반지름})^{2}x^{5}-x^{7}$$

(3) 또 하나는, 오로지 4수 본법을 쓴다.
반상한(45°) 이내인 것은 다만 4수를 써서 얻을 수 있다.
따라서 현시가 반상한을 넘는 것은

정현과 반지름의 비가 방과 사의 비보다 크면 반상한을 넘는 정현이 된다.

정시에서 반지름을 빼고 남은 것과 반지름의 비가 방과 사의 비보다 작으면 반상한을 넘는 정시가 된다.[3]

반드시 여시(餘矢)를 취하고 먼저 여호(餘弧)를 구하면 정호(正弧)를 얻을 수 있다.[4]
一曰 專用四數本法
半象限以內者 只用四數可得
故弦矢之過半象限者

正弦與半徑之比大於方與斜之比 則爲過半象限之正弦也

正矢與半徑相減 餘與半徑之比小於方與斜之比 則爲過半象限之正矢也

必取餘矢 先求餘弧 則正弧可得

☞ **역자 주 :** 위에서 표시한 각 과정을 현재의 기호로 나타내면 다음과 같다.

3 $\frac{\text{정현}}{\text{반지름}} = \frac{r\sin\theta}{r} = \sin\theta > \frac{\text{방}}{\text{사}} = \frac{1}{\sqrt{2}} \quad \Rightarrow \quad \theta > 45^\circ$

$\frac{\text{반지름}-\text{정시}}{\text{반지름}} = \frac{r-(r-r\cos\theta)}{r} = \cos\theta < \frac{\text{방}}{\text{사}} = \frac{1}{\sqrt{2}} \quad \Rightarrow \quad \theta > 45^\circ$

4 $r - r\cos(\frac{\pi}{2}-\theta)$: 여시, $r(\frac{\pi}{2}-\theta)$: 여호, $r\theta$: 정호

(4) 또 하나는, 자리를 가정해서 간단함을 구한다.
반지름이 여러 자릿수인 것은 여러 번 곱한 후에 수가 매우 번거롭게 불어나서, 자리를 정하는 것이 헤아리는 데 반드시 힘이 든다.
마땅히 10이나 단위수로 가정해서 간편하게 기록하고 인식해서 그것을 구한 후에 줄어든 자릿수만큼 증가시켜 환원하면 이제 본래의 수를 얻는다.
一曰 命位要簡
半徑多位者 屢乘之後數甚繁衍 定位必費商度
須命以或十或單 以便記認 而求得之後 還增所減之位數 則仍得本數矣

방법과 기술은 모두 아래쪽에 볼 수 있다.
法術幷見于下方

정시 제1수는 주된 본률이다. 1
제2수는 즉 제1수의 제곱에 2를 곱하고 반지름으로 나누어서 다시 12〔즉 3과 4곱한 것〕로 나눈 것이다.
이것은 제1수를 제곱하고 반지름으로 나누어서 다시 6으로 나눈 것이다. 2
제3수는 즉 제1수의 세제곱에 4를 곱하고 반지름의 제곱으로 나누어서 다시 360〔즉 3, 4, 5, 6을 연이어 곱한 것〕으로 나눈 것이다.
이것은 제1수를 세제곱하고 반지름의 제곱으로 나누어서 다시 90으로 나눈 것이다. 3

제4수는 즉 제1수의 네제곱에 8을 곱하고 반지름의 세제곱으로 나누어서 다시 20160〔즉 3, 4, 5, 6, 7, 8을 연이어 곱한 것〕으로 나눈 것이다. 이것은 제1수를 네제곱하고 반지름의 세제곱으로 나누어서 다시 2520으로 나눈 것이다.[4]

正矢第一數爲主本率

第二數 卽第一數平方積二因數 以半徑除之 又以十二〔卽三四相乘數〕除之
是 爲第一數平方積 以半徑除之 又以六除之
第三數 卽第一數立方積四因數 以半徑平方積除之 又以三百六十〔卽三四五六連乘數〕除之
是 爲第一數立方積 以半徑平方積除之 又以九十除之
第四數 卽第一數三乘積八因數 以半徑立方積除之 又以二萬零一百六十〔卽三四五六七八連乘數〕除之
是 爲第一數三乘積 以半徑立方積除之 又以二千五百二十除之

☞ **역자 주 :** 위에서 표시한 각 과정을 현재의 기호로 나타내면 다음과 같다.

[1] $\text{제1수} = \dfrac{\text{누승수}}{2}\left(= \dfrac{\text{호선}^2}{\text{반지름}2} = \dfrac{r\theta^2}{2!}\right)$

[2] $\text{제2수} = \dfrac{(\text{제1수})^2 2}{(\text{반지름})12} = \dfrac{(\text{제1수})^2}{(\text{반지름})6}\left(= \dfrac{\text{호선}^4}{(\text{반지름})^3 4!} = \dfrac{r\theta^4}{4!}\right)$

[3] $\text{제3수} = \dfrac{(\text{제1수})^3 4}{(\text{반지름})^2 360} = \dfrac{(\text{제1수})^3}{(\text{반지름})^2 90}\left(= \dfrac{\text{호선}^6}{(\text{반지름})^5 6!} = \dfrac{r\theta^6}{6!}\right)$

[4] $\text{제4수} = \dfrac{(\text{제1수})^4 8}{(\text{반지름})^3 20160} = \dfrac{(\text{제1수})^4}{(\text{반지름})^3 2520}\left(= \dfrac{\text{호선}^8}{(\text{반지름})^7 8!} = \dfrac{r\theta^8}{8!}\right)$

① 정시 자릿수가 반지름 자릿수에 비해서 절반에 미치지 못하는 것은 제2수 이하를 논의할 필요가 없다.
正矢位數比半徑位數不及折半者 第二數以下可勿論

가령 반지름 1천만은 여덟 자리이고 정시 5천은 네 자리, 즉 절반이다.

정시를 제1수라고 놓으면 누승수는 1만이 된다.[5]
누승수를 제1수에 곱하면 5천만을 얻고 제1제수 1억2천만으로 나누면 겨우 제2수 0.41을 얻는다.[6]
그래서 절반에 미치지 못하는 것은 제2수 이하를 논의할 필요가 없다고 말한 것이다.
假如半徑一千萬爲八位 正矢五千爲四位 卽折半也
以正矢命爲第一數 則屢乘數爲一萬矣
以屢乘數乘第一數 得五千萬以第一除數一億二千萬除之 僅得第二數小餘四一
故曰不及折半者 第二數以下可勿論也

그 정시가 곧 제1수이다.
其正矢 卽第一數也

곧바로 정시를 써서 두 배하고 반지름으로 곱하고, 제곱을 풀면 호선을 얻는다.[7]
直用正矢倍之 以半徑乘之 開平方 得弧線也

☞ **역자 주** : 위에서 표시한 각 과정을 현재의 기호로 나타내면 다음과 같다.

[5] 누승수＝2×제1수＝2×5천＝1만

[6] $\text{제2수} = \dfrac{\text{제1수} \times \text{누승수}}{\text{제1제수}} = \dfrac{5000 \times 10000}{120000000} = 0.41$

[7] $\text{정시} = \text{제1수} = \dfrac{\text{호선}^2}{\text{반지름}2}$,
$\text{호선}^2 = \text{정시} \times 2 \times \text{반지름}$, $\text{호선} = \sqrt{\text{정시} \times 2 \times \text{반지름}}$

② (정시 자릿수가 반지름 자릿수에 비해서) 4분의 3에 미치지 못하는 것은 제3수 이하를 논의할 필요가 없다.
不及四分之三者 第三數以下可勿論

가령 반지름 1천만은 여덟 자리이고 정시 16만은 여섯 자리, 즉 4분의 3이다.
정시를 제1수라고 놓으면 누승수는 32만이 된다.[8]
법칙에 따라 제2수 427을 얻고 누승수를 곱하면 136640000을 얻

는다.[9]
제2제수 3억으로 나누면 겨우 제3수 0.45를 얻는다.[10]
그래서 4분의 3에 미치지 못하는 것은 제3수 이하를 논의할 필요가 없다고 말한 것이다.
假如半徑一千萬爲八位 正矢一十六萬爲六位 卽四分之三也
以正矢命爲第一數 則屢乘數爲三十二萬矣
如法求得第二數四百二十七 以屢乘數乘之 得一億三千六百六十四萬
以第二除數三億除之 僅得第三數小餘四五
故曰不及四分之三者 第三數以下可勿論也

마땅히 6배의 반지름과 정시를 곱해서 실로 하고, 6배의 반지름을 염법 정으로, 1을 우법 부로 한다.[11]
이차방정식을 써서 풀면 제1수를 얻는다.[12]
當以六因半徑數正矢爲實
以六因半徑數爲廉法正
一爲隅法負
用平方法 開之 得第一數也

정시 제1수 본법으로 천원법을 써서 연산한다. 아래도 이와 같다.
자세한 것은 아래의 첫 번째 문제 삼승방법 설명에 나와있다.
以正矢第一數本法 用天元法 演之 下倣此
詳見下第一問三乘方法草

☞ **역자 주 :** 위에서 표시한 각 과정을 현재의 기호로 나타내면 다음과 같다.

[8] 누승수 $= 2 \times$ 제1수 $= 2 \times$ 16만 $=$ 32만

[9] 제2수 $= \dfrac{\text{제1수} \times \text{누승수}}{\text{제1제수}} = \dfrac{\text{16만} \times \text{32만}}{\text{1억2천만}} = 426.666\cdots \fallingdotseq 427$

[10] 제3수 $= \dfrac{\text{제2수} \times \text{누승수}}{\text{제2제수}} = \dfrac{427 \times \text{32만}}{\text{3억}} \fallingdotseq 0.45$

[11] 6×반지름×정시 : 실
6×반지름 : 염법 정
1 : 우법 부

12 $6\times$반지름$\times$정시$=6\times$반지름$\times$(제1수)$-$(제1수)^2

③ (정시 자릿수가 반지름 자릿수에 비해서) 8분의 7에 미치지 못하는 것은 제4수를 논의할 필요가 없다.
不及八分之七者 第四數可勿論

가령 반지름 1천만은 여덟 자리이고 정시 1백만은 일곱 자리 즉 8분의7이다.
정시를 제1수로 놓으면 누승수는 2백만이 된다.[13]
법칙에 따라 제2수 16667을, 제3수 111을 얻는다.[14]
누승수를 제3수에 곱하면 2억 2천2백만을 얻고 제3제수 5억 6천으로 나누면 겨우 제4수 0.39를 얻는다.[15]
그래서 8분의 7에 미치지 못하는 것은 제4수를 논의할 필요가 없다고 말한 것이다.
假如半徑一千萬爲八位 正矢一百萬爲七位 卽八分之七也
以正矢命爲第一數 則屢乘數爲二百萬矣
如法 求得第二數一萬六千六百六十七 第三數一百一十一
以屢乘數乘第三數 得二億二千二百萬 以第三除數五億六千萬除之 僅得第四數小餘三九
故曰不及八分之七者 第四數可勿論也

마땅히 90과 반지름의 제곱을 곱해서 얻은 수로 정시와 곱한 것이 실이 되고, 90과 반지름의 제곱을 곱한 것은 제1렴법 정이 되고, 15와 반지름을 곱해서 얻어진 수는 제2렴법 부가 되고, 1은 우법 정이 된다.
삼차 방정식을 써서 풀면 제1수를 얻는다.[16]
當以九十乘半徑平方積 得數以乘正矢 爲實
以九十乘半徑平方積數 爲第一廉法正
以一十五乘半徑 得數爲第二廉法負
一爲隅法正
用立方法 開之 得第一數也

☞ **역자 주 :** 위에서 표시한 각 과정을 현재의 기호로 나타내면 다음과 같다.

13 누승수$=2\times$제1수$=2\times1$백만$=2$백만

[14] $제2수 = \frac{제1수 \times 누승수}{제1제수} = \frac{1백만 \times 2백만}{1억2천만} \fallingdotseq 16667,$

$제3수 = \frac{제2수 \times 누승수}{제2제수} = \frac{16667 \times 2백만}{3억} \fallingdotseq 111$

[15] $제4수 = \frac{제3수 \times 누승수}{제3제수} = \frac{111 \times 2백만}{5억6천} \fallingdotseq 0.39$

[16] $90 \times (반지름)^2 \times 정시$: 실
$90 \times (반지름)^2$: 제1렴법 정
$15 \times (반지름)$: 제2렴법 부
1 : 우법 정
$90 \times (반지름)^2 \times 정시 = 90 \times (반지름)^2 x - 15 \times (반지름) x^2 + x^3$

그러나 반지름이 여덟 자리가 아니면 8분의 7을 정할 수 없고 또 네 자리가 아니면 4분의 3도 정할 수 없다.
그리고 셋, 다섯, 일곱 자리면 절반 역시 말해 주기가 어렵다.
오직 때에 맞게 업무를 헤아리어 간편한 계산을 따른다.
또 소여를 몇 자리로 할 것인가는 마땅히 통틀어 계산해서 소여를 몇 자리로 할지를 논의한다.
然半徑非八位 則八分之七不可定也 又非四位 則四分之三不可定也
若係三五七位 則折半亦難質言矣
惟在臨時 商度務從省算也
且要帶小餘幾位 則須通計小餘幾位論也

〔4-1〕 반지름이 1천만이고 정현이 8660254이다.
문제 호선과 호도는 얼마인가?
해답 호선 10471975.5
호도 60°
半徑一千萬正弦八百六十六萬零二百五十四
問 弧線及弧度幾何
答曰 弧線 一千零四十七萬 一千九百七十五 半
弧度 六十度

해법

정현과 반지름의 비가 방여사의 비보다 크므로 반드시 반상한 바깥에 있다.[1]
따라서 정현과 반지름을 서로 빼서 여시 1339746를 얻는다.[2]
그것을 구하는 데 또 반지름을 10으로 삼으면 여시 머릿수는 단위수가 된다.[3]
이에 반지름의 세제곱 1천과 2520을 곱하면 252만을 얻고 제1렴법 정이 된다.[4]
반지름의 제곱 1백과 420을 곱하면 42000을 얻고 제2렴법 부가 된다.[5]
반지름 10과 28을 곱하면 280을 얻고 제3렴법 정이 된다.[6]
1은 우법 부가 된다.[7]
제1렴법과 여시를 곱하면 3376159소여92를 얻고 실이 된다.[8]
4차 방정식을 써서 풀면 1소여370778385를 얻고, 1백만을 곱해서 환원하면 1370778소여385를 얻고 제1수가 된다.[9]
이에 두 배해서 반지름 1천만을 곱하면 27415567700000을 얻고 실이 된다.[10]
제곱근을 풀면 여호 5235987소여75를 얻는다.[11]
반지름 1천만의 상한호(사분원) 15707963소여25에서 빼면 10471975소여5를 얻고 정호선이 된다.[12]
상한호를 1률, 정호선을 2율, 상한 90°를 3률로 해서, 4률 60°를 얻으면 곧 호도이다.[13]

法曰
正弦與半徑之比大於方與斜之比 必在半象限以外
故以正弦與半徑相減 得餘矢一百三十三萬七千九百四十六
以求之且命半徑爲十 則餘矢頭數爲單位矣
乃以半徑立方積一千乘二千五百二十得二百五十二萬 爲第一廉法正
半徑平方積一百乘四百二十 得四萬二千 爲第二廉法負
半徑一十乘二十八 得二百八十 爲第三廉法正
一爲隅法負
以第一廉法乘餘矢 得三百三十七萬六千一百五十九小餘九二 爲實
用三乘方法 開之 得一小餘三七0七七八三八五

還以一百萬乘之 得一百三十七萬零七百七十八小三八五 爲第一數
仍倍之 以半徑一千萬乘之 得二十七兆四千一百五十五億六千七百七十萬 爲實
平方開之 得餘弧五百二十三萬五千九百八十七小餘七五
與半徑一千萬之象限弧一千五百七十萬七千九百六十三小餘二五相減
得一千零四十七萬一千九百七十五小餘五 爲正弧線
以象限弧爲一率 正弧線爲二率 象限九十度爲三率 求得四率六十度 卽弧度也

☞ **역자 주 :** 해법에 표시한 각 과정을 현재의 기호로 나타내면 다음과 같다.

1 $\dfrac{\text{정현}}{\text{반지름}}=\dfrac{8660254}{10000000}=\sin\theta>\dfrac{\text{방}}{\text{사}}=\dfrac{1}{\sqrt{2}}\quad\Rightarrow\quad\theta>45°$

2 $1000000-8660254=1339746=r-r\sin\theta=r-r\cos(\frac{\pi}{2}-\theta)$: θ의 여시

3 반지름=10 ⇒ 여시=1.339746

4 $(\text{반지름})^3\times2520=1000\times2520=2520000$: 제1렴법 정

5 $(\text{반지름})^2\times420=100\times420=42000$: 제2렴법 부

6 $(\text{반지름})\times28=10\times28=280$: 제3렴법 정

7 1 : 우법 부

8 제1렴법×여시=2520000×1.339746=3376159.92 : 실

9 $3376159.92=2520000x-42000x^2+280x^3-x^4$,
$x=1.370778385$, ∴ 제1수=1370778.385

10 제1수 $=1370778.385=\dfrac{\text{호선}^2}{\text{반지름}2}$,
호선^2=제1수×2×반지름=1370778.385×2×1천만=27415567700000

11 호선 $=\sqrt{27415567700000}=5235987.75$ (여호선)

[12] $\frac{\pi}{2}r-5235987.75=15707963.25-5235987.75=10471975.5$: 정호선

[13] 상한호 : 정호선 $=90° : x$,
$15707963.25 : 10471975.5=90° : x, \quad \therefore \quad x=60°$

4차 방정식을 자세히 말하면, 천원 하나를 세워서 제1수로 한다.[14]
또 천원을 제곱해서 (천원)제곱을 얻고 실로 삼는다.
반지름 10을 6배한 60을 얻어, 그것을 나누면 60분의 1 (천원)제곱이 되고 이것이 제2수이다.[15]
또 천원을 세제곱해서 (천원)세제곱을 얻고 실로 삼는다.
90을 반지름의 제곱 100에 곱해서 9천을 얻어, 그것을 나누면 9천분의 1 (천원)세제곱이 되고 이것이 제3수이다.[16]
또 천원을 두 번 제곱하면 (천원)네제곱을 얻고 실로 삼는다.
2520을 반지름의 세제곱 1000에 곱하면 252만을 얻고 그것을 나누면 252만분의 1 (천원)네제곱이 되고 이것이 제4수이다.[17]
제1수와 제3수를 합한 수에서 제2수와 제4수를 합한 수를 빼면 남은 것이 곧 여시이다.[18]
여시와 비례가 될 수 있으나 각각의 수는 분모를 데리고 다닌다.
따라서 가장 큰 분모 252만으로 각 수와 여시에 곱한다.
여시 3376159소여92을 얻고 실이 된다.[19]
〔이것과 각 수를 합해서 뺀 것은 같다. 따라서 그것을 실로 하고 각 수를 합해서 뺀 것은 법으로 한다.〕
제1수는 천원을 얻고, 252만은 제1렴법 정이 된다.[20]
제2수는 천원의 제곱을 얻고, 42000〔즉 60으로 가장 큰 분모를 나눈 것〕은 제2렴법 부가 된다.
〔빼는 것이므로 음수가 된다.[21] 〕
제3수는 천원의 세제곱을 얻고, 280〔즉 90으로 가장 큰 분모를 나눈 것〕은 제3렴법 정이 된다.[22]
제4수는 천원의 네제곱을 얻고, 1은 우법 부가 된다. 〔빼는 것이므로 음수가 된다.〕[23]
4차 방정식을 써서 풀면 제1수를 얻는다.
〔천원 하나를 세워 제1수로 했으므로 얻어지는 것이 제1수이다.〕[24]
三乘方法 艸曰

立天元一爲第一數
又以天元自乘 得平方積 爲實
以六因半徑一十 得六十 除之 爲六十分之一平方積 是爲第二數
又以天元自乘再乘 得立方積 爲實
以九十乘半徑平方積一百 得九千 除之 爲九千分之一立方積 是爲第三數
又以天元再自乘 得三乘積 爲實
以二千五百二十乘半徑立方積一千 得二百五十二萬 除之 爲二百五十二萬分之一三乘積 是爲第四數
第一第三相併數內減第二第四相併數 餘卽餘矢也
可以與餘矢爲比例 而各數尚帶分母
故以冣多分母二百五十二萬 徧乘各數及餘矢
餘矢得三百三十七萬六千一百五十九小餘九二 爲實
〔此與各數之併減者爲同數 故以爲實 以各數之併減者爲法〕
第一數 得天元 二百五十二萬 爲第一廉法正
第二數 得天元平方積 四萬二千〔卽以六十除冣多分母數〕爲第二廉法負 〔當減者 故負〕
第三數 得天元立方積 二百八十〔卽以九千除冣多分母數〕爲第三廉法正
第四數 得天元三乘積 一爲隅法負 〔當減者 故負〕
用三乘方法 開之 得第一數也〔立天元一爲第一數 故所得爲第一數〕

☞ **역자 주 :** 해법에 표시한 각 과정을 현재의 기호로 나타내면 다음과 같다.

⑭ $x = \text{제1수} = \dfrac{r\theta^2}{2!}$

⑮ $\dfrac{x^2}{\text{반지름} \times 6} = \dfrac{x^2}{60} = \text{제2수} = \dfrac{r\theta^4}{4!}$

⑯ $\dfrac{x^3}{(\text{반지름})^2 \times 90} = \dfrac{x^3}{9000} = \text{제3수} = \dfrac{r\theta^6}{6!}$

⑰ $\dfrac{x^4}{(\text{반지름})^3 \times 250} = \dfrac{x^4}{250000} = \text{제4수} = \dfrac{r\theta^8}{8!}$

⑱ (제1수 + 제3수) − (제2수 + 제4수) = 여시 = 1.339746,

$$(x+\frac{x^3}{9000})-(\frac{x^2}{60}+\frac{x^4}{250000})=\text{여시}=1.339746,$$

$$(\frac{r\theta^2}{2!}+\frac{r\theta^6}{6!})-(\frac{r\theta^4}{4!}+\frac{r\theta^8}{8!})=\text{여시}=1.339746$$

19 여시 × 2520000 = 1.339746 × 2520000 = 3376159.92 : 실

20 2520000 : 제1렴법 정(+)

21 $\frac{2520000}{60}=42000$: 제2렴법 부(−)

22 $\frac{2520000}{9000}=280$: 제3렴법 정(+)

23 1: 우법 부(−)

24 $3376159.92=2520000x-42000x^2+280x^3-x^4$

이 방법은 일정한 법칙이 있으니 다만 반지름과 상관이 있다.
그러므로 반지름이 같은 것은 그 렴·우 여러 수가 모두 같고, 오직 실수는 현시의 대소에 따라 변한다.
此法旣有一定之率 只與半徑相關
故半徑同者其廉隅諸數皆同 惟實數隨矢之大小而變也

〔4-2〕 반지름이 1천만이고 정현이 29088.78이다.
문제 **호선과 호도는 얼마인가?**
해답 **호선 29088.82**
호도 10′
半徑一千萬 正弦二萬九千零八十八小餘七八
問 弧線及弧度幾何
答曰 弧線 二萬九千零八十八 小餘 八二
弧度 十分

해법
반지름을 제곱하면 1백조를 얻고 정현을 제곱하면 846157121.89를

얻는다.

두 수를 서로 빼면 99999153842878.11이 남고 실이 된다.[1]

이차방정식을 풀면 9999957.692를 얻는다.[2]

반지름에서 빼면 정시 42.308을 얻으니 또한 곧 제1수이다.[3]

소여를 단지 두 자리로 하면 반지름이 열 자리이고 정시가 네 자리이다. 정시의 자릿수가 반지름 자릿수의 절반에 미치지 못하므로 정시가 곧바로 제1수가 된다.

두 배해서 반지름 1천만을 곱하면 42308만을 얻고, 두 배하면 실이 된다.[4]

제곱근을 풀면 호선 29088.82를 얻는데 이것을 2율로 하고, 상한호도 5400′ 은 3률로 하고, 상한호 15707963.25는 1률로 해서, 4율 10′ 을 구하면 곧 호도이다.[5]

法曰

半徑自乘 得一百兆 正弦自乘 得八億四千六百一十五萬七千一百二十一小餘八九

兩數相減 餘九十九兆九千九百九十一億五千三百八十四萬二千八百七十八小餘一一 爲實

平方開之 得九百九十九萬九千九百五十七小餘六九二

與半徑相減 得正矢四十二小餘三0八 亦卽第一數也

只帶小餘二位 則半徑爲十位 正矢爲四位不及折半 故直爲第一數也

倍之 以半徑一千萬乘之 得四億二千三百零八萬 爲實

平方開之 得弧線二萬九千零八十八小餘八二爲二率

象限弧度五千四百分爲三率

象限弧一千五百七十萬七千九百六十三小餘二五爲第一率

求得四率十分 卽弧度也

☞ **역자 주 1:** 해법에 표시한 각 과정을 현재의 기호로 나타내면 다음과 같다.

[1] 반지름^2 − 정현$^2 = r^2 - r^2\sin^2\theta = r^2\cos^2\theta$
$= 1$천만$^2 - (29088.78)^2 = 99999153842878.11$

[2] $r\cos\theta = \sqrt{99999153842878.11} = 9999957.692$

[3] $r - r\cos\theta = 10000000 - 9999957.692 = 42.308 =$ 정시 : 제1수

4 $제1수=42.308=\frac{호선^2}{반지름2}$,

$호선^2$ = 제1수×2×반지름 = 42.308×2×1천만 = 846160000 : 실

5 호선 = $\sqrt{846160000}$ = 29088.82,

상한호 : 호선 = 상한호도 : x,

15707963.25 : 29088.82 = 5400′ : x, ∴ x = 10′

별해

반지름을 10이라 놓으면 정현 머릿수는 소여에서 하나 건너뛴 자리가 된다.[1]

반지름 제곱을 6배해서 600을 얻고, 정현과 곱하면 17.453268을 얻어서 실이 된다.[2]

600은 제1렴법 정이 되고, 1은 우법 부가 된다.[3]

삼차방정식을 써서 풀면 0.02908882를 얻는다.[4]

1백만을 곱해서 환원하면 호선 29088.82가 된다.[5]

又法曰

命半徑爲十 則正弦頭數爲小餘隔0位

以半徑自乘六因 得六百以乘正弦 得十七小餘四五三二六八 爲實

以六百爲第一廉法正

一爲隅法負

用立方法 開之 得小餘0二九0八八八二

還以一百萬乘之 爲弧線二萬九千零八十八小餘八二也

☞ **역자 주 2**: 별해에 표시한 각 과정을 현재의 기호로 나타내면 다음과 같다.

1 반지름 = 10 ⇒ 정현 = 0.02908878

2 $(반지름)^2$×6×정현 = 100×6×0.02908878 = 17.453268 : 실

3 600 : 제1렴법 정, 1 : 우법 브

4 17.453268 = 600 x − x^3, ∴ x = 0.02908882

5 0.02908882×1000000＝29088.82＝호선

① 정현 자릿수가 반지름 자릿수에 비해 8분의 5에 미치지 못하는 것은 제2수 이하를 논의할 필요가 없다.
凡正弦位數比半徑位數不及八分之五者 第二數以下可勿論

가령 반지름 1천만은 여덟 자리이고 정현이 6만이면 다섯 자리이므로 곧 8분의 5이다.
정현을 제1수로 놓으면 누승수는 360이 된다.[6]
누승수로 제1수를 곱하면 2160만을 얻고, 제1제수 6천만으로 나누면 겨우 제2수 0.36을 얻는다.[7]
그래서 8분의 5에 미치지 못하는 것은 제2수 이하를 논의할 필요가 없다고 말한 것이다.
假如半徑一千萬爲八位 正弦六萬爲五位 卽八分之五也
以正弦命爲第一數 則屢乘數爲三百六十矣
以屢乘數乘第一數 得二千一百六十萬 以第一除數六千萬除之 僅得第二數小餘三六
故曰不及八分之五者 第二數以下可勿論也

이 문제에서 정현이 6만에 미치지 못하므로 제2수 이하는 당연히 논의할 필요가 없으나 소여 두 자리와 통틀어 계산하면 반지름의 자릿수와 비교해서 10분의 7이 된다. 따라서 제2수가 있다.
此問正弦亦不及六萬 則第二數以下宜勿論
而通計小餘二位 則比半徑位數爲十分之七 故有第二數也

그 정현이 곧 호선이다. 〔다시 더 계산할 필요가 없다.〕
其正弦 卽弧線也 〔不必更費推算也〕

☞ **역자 주**: 풀이에 표시한 각 과정을 현재의 기호로 나타내면 다음과 같다.

6 $\text{누승수} = \dfrac{(\text{호선})^2}{\text{반지름}} = \dfrac{(6\text{만})^2}{\text{천만}} = 360$

7 $\text{제2수} = \dfrac{\text{제1수} \times \text{누승수}}{\text{제1제수}} = \dfrac{6\text{만} \times 360}{6\text{천만}} \fallingdotseq 0.36$

② (정현 자릿수가 반지름 자릿수에 비해) 4분의 3에 미치지 못하는 것은 제3수 이하를 논의할 필요가 없다.
不及四分之三者 第三數以下可勿論

가령 반지름이 1천만이면 여덟 자리이고 정현이 90만이면 여섯 자리이므로 즉 4분의 3이다.
정현을 제1수로 놓으면 누승수는 8만1천이 된다.[8]
법칙에 따라 제2수 1215를 얻고, 누승수로 곱하면 9841만5천을 얻는데, 제2제수 2억으로 나누면 겨우 제3수 0.49를 얻는다.[9]
그래서 4분의 3에 미치지 못하는 것은 제3수 이하를 논의할 필요가 없다고 말한 것이다.
假如半徑一千萬爲八位 正弦九十萬爲六位 卽四分之三也
以正弦命爲第一數 則屢乘數爲八萬一千矣
如法 求得第二數一千二百一十五以屢乘數乘之 得九千八百四十一萬五千
以第二除數二億除之 僅得第三數小餘四九
故曰不及四分之三者 第三數以下可勿論也

마땅히 반지름의 제곱을 6배해서 얻은 수를 정현에 곱해서 실로 하고 반지름의 제곱을 6배한 수를 제1렴법 정으로, 1을 우법 부로한다.[10]
삼차방정식을 써서 풀면 호선을 얻는다. 〔정현본률을 구하는 방법으로 천원을 써서 연산한다.〕[11]
當以六因半徑平方積 得數乘正弦 爲實
以六因半徑平方積數 爲第一廉法正
一爲隅法負
用立方法 開之 得弧線也 〔以求正弦本率 用天元 演之也〕

☞ **역자 주** : 풀이에 표시한 각 과정을 현재의 기호로 나타내면 다음과 같다.

[8] $\text{누승수} = \dfrac{(\text{호선})^2}{\text{반지름}} = \dfrac{(90\text{만})^2}{\text{천만}} = 81000$

[9] $\text{제2수} = \dfrac{\text{제1수} \times \text{누승수}}{\text{제1제수}} = \dfrac{90\text{만} \times 81000}{6\text{천만}} = 1215,$

$\text{제3수} = \dfrac{\text{제2수} \times \text{누승수}}{\text{제2제수}} = \dfrac{1215 \times 81000}{2\text{억}} \fallingdotseq 0.49$

⑩ (반지름)^2×6×정현 : 실
(반지름)^2×6 : 제1렴법 정
1 : 우법 부

⑪ (반지름)^2×6×정현=(반지름)^2×6 x− x^3

만약 제4수를 비록 논의 할 필요는 없지만 반드시 5차 방정식을 써야한다면 앞서 구한 정시의 간편한 계산과는 같지 않을 것이다.
至若第四數雖勿論 必須用四乘方 則不如先求正矢之爲省算也

〔4-3〕 반지름이 5백만이고 정시가 6852.33이다.
문제 호선과 호도는 얼마인가?
해답 호선 261799 조금 넘음
호도 3°
半徑五百萬 正矢六千八百五十二小餘三三
問 弧線 弧度幾何
答曰 弧線 二十六萬一千七百九十九强
弧度 三度

해법
반지름을 5라 놓으면 정시 머릿수는 소여에서 둘 건너뛴 자리가 된다.①
반지름을 6배하면 30을 얻고, 정시를 곱하면 0.2055699를 얻고 실이 된다.②
30이 렴법 정이 되고, 1은 우법 부가 된다.③
삼차방정식을 써서 풀면 0.00685389를 얻는데, 1백만을 곱해서 환원하면 제1수 6853.89가 된다.④
〔정위수가 반지름 자릿수 4분의 정시 3에 미치지 못한다. 따라서 제3수 이하는 논의할 필요가 없다.〕
이것을 두 배하고 반지름 5백만을 곱하면 685억3890만을 얻고 실이 된다.⑤
제곱을 풀면 호선 261799.3을 얻는데, 그것을 2율로 하고 상한 90°를 3률로 하고, 반지름 5백만의 상한호(사분원) 7853981.6을 1률로

해서, 4률 3°를 구하면 곧 호도이다.[6]

法曰

命半徑爲五 則正矢頭數爲小餘隔00位

以六因半徑 得三十以乘正矢小餘二0五五六七七 爲實

以三十爲廉法正

一爲隅法負

用平方法 開之 得小餘00六八五三八九

還以一百萬乘之 爲第一數六千八百五十三小餘八九也

〔正位數不及半徑位數四分之矢三 故第三數以下勿論也〕

仍倍之 以半徑五百萬乘之 得六百八十五億三千八百九十萬 爲實

平方開之 得弧線二十六萬一千九百九十九小餘三 爲二率

象限九十度爲三率

半徑五百萬之象限弧七百八十五萬三千九百八十一小餘六爲一率

求得四率三度 卽弧度也

☞ **역자 주 :** 해법에 표시한 각 과정을 현재의 기호로 나타내면 다음과 같다.

[1] 반지름＝5 ⇒ 정현＝0.00685233

[2] 반지름×6×정시＝10×6×0.00685233＝0.2055699 : 실

[3] 30 : 제1렴법 정, 1 : 우법 부

[4] $0.2055699 = 30x - x^2$, $\therefore x = 0.00685389$,
$0.00685389 \times 1000000 = 6853.89 =$ 제1수

[5] 제1수 $= 6853.89 = \dfrac{\text{호선}^2}{\text{반지름}2}$,
호선^2 = 제1수 × 2 × 반지름 = 6853.89 × 2 × 500만 = 68538900000 : 실

[6] 호선 $= \sqrt{68538900000} = 261799.3$,
상한호$(= \frac{\pi}{2} \times 500$만$)$: 호선 = 상한호도 : x,
$7853981.6 : 261799.3 = 90° : x$, $\therefore x = 3°$

〔4-4〕 반지름이 12척이고 정시가 4척2촌8분6리5호소여486이다.

문제 호선과 호도는 얼마인가?

해답 호선 10척4촌7분1리9호소여755

호도 50°

半徑十二尺正矢四尺二寸八分六釐五毫小餘四八六

問 弧線及弧度幾何

答曰 弧線 一十尺四寸七分一釐九毫小餘七五五

弧度 五十度

해법

정시와 반지름을 서로 빼면 여현 7척7촌1분3리4호소여514를 얻는다.
반지름과의 비가 방여사의 비보다 작으므로 반드시 반상한 밖에 놓이게 된다.[1]
따라서 반지름을 제곱하면 144척을 얻고, 여현을 제곱하면 59척49촌73분32리50호소여016196을 얻는다.
두 수를 서로 빼면 84척50촌26분67리49호소여983804가 남고 실이 된다.[2]
이차방정식을 풀면 9척1촌9분2리5호소여332를 얻고, 반지름에서 빼면 여시 2척8촌0분7리4호소여668을 얻는다.[3]
구한 것으로 또 반지름 머릿수를 단위수인 척으로 하면 여시 머릿수는 단위 촌이 된다.[4]
이에 반지름의 세제곱 1.728을 2520과 곱하면 4354.56을 얻고 제1렴법 정이 된다.
반지름의 제곱 1.44와 420을 곱하면 604.8을 얻고 제2렴법 부가 된다.
반경 1.2와 28을 곱하면 33.6을 얻고 제3렴법 정이 된다.
1은 우법 부가 된다.[5]
제1렴법을 여시와 곱하면 1222.5282628608을 얻고 실이 된다.[6]
4차 방정식을 써서 풀면 2촌9분2리4호소여3272 얻는데, 10을 곱해서 환원하면 2척9촌2분4리3호소여272를 얻고 제1수가 된다.[7]
이에 두 배하고 반지름 12척을 곱하면 70척18촌38분52리80호를 얻고 실이 된다.[8]
제곱을 풀면 여호 8척3촌7분7리5호소여804를 얻는다.

반지름 12척의 상한호 18척8촌4분9리5호소여559에서 빼면 10척4촌7분1리9호소여755를 얻고 정호선이 된다.[9]

상한의 호를 1률로 하고, 정호선을 2율로 하고, 상한 90°를 3률로 해서, 4율 50°를 얻으면 곧 호도이다.[10]

法曰

以正矢與半徑相減 得餘弦七尺七寸一分三釐四弧小餘五一四
與半徑之比小於方與斜之比 必在半象限以外
故半徑自乘 得一百四十四尺
餘弦自乘 得五十九尺四十九寸七十三分十二釐五十毫小餘0一六一九六
兩數相減 餘八十四尺五寸二十六分六十七釐四十九毫小餘九三八0四 爲實
平方開之 得九尺一寸九分二釐五毫小餘三三二
與半徑相減 得餘矢二尺八寸零七釐四毫小餘六六八
以求之 且命半徑首位爲單尺 則餘矢首位爲單寸矣
乃以半徑立方積一小餘七二八乘二千五百二十
得四千三百五十四小餘五六 爲第一廉法正
半徑平方積一小餘四四乘四百二十 得六百零四小餘八 爲第二廉法負
半徑一小餘二乘二十八 得三十三小餘六 爲第三廉法正
一爲隅法負
以第一廉法乘餘矢 得一千二百二十二小餘五二八二六二八六0八 爲實
用三乘方法 開之 得二寸九分二釐四毫小餘三二七二
還以一十乘之 得二尺九寸二分四釐三毫小餘二七二 爲第一數
仍倍之 以半徑十二尺乘之 得七十尺一十八寸三十八寸三十八分五十釐八十毫 爲實
平方開之 得餘弧八尺三寸七分七釐五毫小餘八0四
與半徑十二尺之象限弧一十八尺八寸四分九釐五毫小餘五五九 相減
得一十尺四寸七分一釐九毫小餘七五五 爲正弧線
以象限弧爲一率 正弧線爲二率 象限九十度爲三率
求得四率五十度 卽弧度也

☞ **역자 주:** 해법에 표시한 각 과정을 현재의 기호로 나타내면 다음과 같다.

1 $\dfrac{\text{반지름}-\text{정시}}{\text{반지름}}=\dfrac{12-4.2865468}{12}=\dfrac{7.7134514}{12}$

$$=\frac{r-(r-r\cos\theta)}{r}=\cos\theta \ \langle \frac{방}{사}=\frac{1}{\sqrt{2}} \ \Rightarrow \ \theta \rangle 45°$$

[2] 반지름^2−여현^2= $r^2-r^2\sin^2(\frac{\pi}{2}-\theta)=r^2\cos^2(\frac{\pi}{2}-\theta)$,
$12^2-7.7134514^2=84.50266749983804$: 실

[3] $r\cos(\frac{\pi}{2}-\theta)=\sqrt{84.50266749983804}=9.1925332$,

$r-r\cos(\frac{\pi}{2}-\theta)=12-9.1925332=2.8074668$ = 여시

[4] 반지름=1.2 ⇒ 여시=0.28074668

[5] 2520(반지름)^3=2520(1.2)^3=4354.56 : 제1렴법 정,
420(반지름)^2=420(1.2)^2=604.8 : 제2렴법 부,
28(반지름)=28(1.2)=33.6 : 제3렴법 정,
1 : 우법 부

[6] 제1렴법×여시=4354.56×0.28074668=1222.5282628608 : 실

[7] $1222.5282628608=4354.56x-604.8x^2+33.6x^3-x^4$,
∴ $x=0.29243272$,
0.29243272×10=2.9243272=제1수

[8] 제1수=2.9243272= $\frac{호선^2}{반지름2}$,
호선^2=제1수×2×반지름=2.9243272×2×12=70.1838528 : 실

[9] 호선= $\sqrt{70.1838528}$ =8.3775804= $r(\frac{\pi}{2}-\theta)$,

$r\frac{\pi}{2}-r(\frac{\pi}{2}-\theta)=18.8495559-8.3775804$
$=10.4719755= r\theta$: 정호선

[10] 상한호(= $\frac{\pi}{2}\times 12$) : 정호선=상한호도 : x,
18.8495559 : 10.4719755=90° : x, ∴ x=50°

〔4-5〕 반지름이 2천5백척이고 정시가 2460척7촌3분1리7호이다.

문제 호선과 호도는 얼마인가?
해답 호선 3887척7촌2분0리9호
호도 89° 6′

半徑二千五百尺正矢二千四百六十尺七寸三分一釐七毫
問 弧線及弧度幾何
答曰 弧線 二千八百八十七尺七寸二分零九毫
弧度 八十九度單六分

해법

정시와 반지름을 서로 빼면 여현 39척2촌6분8리3호를 얻는다.
그것과 반지름의 비가 방여사의 비보다 작으므로 반드시 반상한의 바깥에 있게 된다.[1]
따라서 여현을 써서 그것을 구한다.
또 반지름 머릿수를 10척으로 놓으면 여현 머릿수는 단위 촌이 된다.[2]
반지름의 제곱을 6배하면 3750을 얻고, 여현과 곱하면 1472소여56125를 얻고 실이 된다.[3]
3750이 제1렴법 정이 된다.
1은 우법 부가 된다.[4]
3차 방정식을 써서 풀면 3촌9분2리6호소여99를 얻고, 1백을 곱해서 환원하면 여호선 39척2촌6분9리9호를 얻는다.[5]

여현 자릿수가 반지름의 자릿수에 비해 비록 4분의 3이나, 9만과 1천만의 비율에 미치지 못한다.
따라서 제3수 이하는 논의할 필요가 없다.
자세한 것은 두 번째 문제와 그 방법의 설명을 보라.

그것을 반지름 2천5백척의 상한호 3926척9촌9분0리8호에서 빼면 3887척7촌2분0리9호를 얻고 정호선이 된다.[6]
반지름 2500척의 전체 원둘레 15707척9촌6분3리2호반을 1률로 하고, 여호선을 2율로 하고, 전체 호도 21600′을 3률로 해서, 4율 54′ 즉 여호도를 얻는다.
상한호도 90에서 빼면 89°06′ 곧 정호도를 얻는다.[7]
法曰
以正矢與半徑相減 得餘弦三十九尺二寸六分八釐三毫

與半徑之比小於方與斜之比 必在半象限以外
故用餘弦求之
且命半徑首位爲十尺 則餘弦首位爲單寸矣
以半徑自乘六因 得三千七百五十 以乘餘弦 得一千四百七十二小餘五六一二五 爲實
以三千七百五十爲第一廉法正
一爲隅法負
用立方法 開之 得三寸九分二釐六毫小餘九九
還以一百乘之 得餘弧線三十九尺二寸六分九釐九毫

餘弦位數比半徑位數雖爲四分之三 而不及九十萬與一千萬之率
故第三數以下勿論也
詳見第二問又法註

與半徑二千五百尺之象限弧三千九百二十六尺九寸九分零八毫 相減
得三千八百八十七尺七寸二分零九毫 爲正弧線也
以半徑二千五百尺之全周一萬五千七百零七尺九寸六分三釐二毫半爲一率
餘弧線爲二率 全弧度二萬一千六百分爲三率 求得四率五十四分 卽餘弧度
與象限九十度相減 得八十九度單六分 卽正弧度也

☞ **역자 주 :** 해법에 표시한 각 과정을 현재의 기호로 나타내면 다음과 같다.

1 $\dfrac{\text{반지름}-\text{정시}}{\text{반지름}}=\dfrac{2500-2460.7317}{2500}=\dfrac{39.2683}{2500}$

$=\dfrac{r-(r-r\cos\theta)}{r}=\cos\theta<\dfrac{\text{방}}{\text{사}}=\dfrac{1}{\sqrt{2}}\quad\Rightarrow\quad\theta>45°$

2 반지름$=25$ $\Rightarrow$ 여시$=0.392683$

3 (반지름)$^2\times6\times$여현$=25^2\times6\times3750=1472.56125$: 실

4 3750 : 제1렴법 정,
1 : 우법 부

5 $1472.56125=3750x-x^3$,
$\therefore\ x=0.392699$,
$0.392699\times10=392699=$여호선

6 $r\frac{\pi}{2} - r(\frac{\pi}{2} - \theta) = 3926.9908 - 39.2699 = 3887.7209 =$ 정호선

7 상한호($= \frac{\pi}{2} \times 2500$) : 정호선 = 상한호도 : x,

15707.96325 : 39.2699 = 21600′ : x, ∴ $x = 54'$: 여호도,
$90° - 54' = 89° \ 06'$: 정호도

산술관견 부록(算術管見附)

불분선 삼률법 해(不分線 三率法 解)

서양사람 목니각(穆尼閣)[1]의 『천보진원(天步眞原)』에 사호(斜弧) 삼각형(구면 삼각형)[2]의 두 변에 낀 한 각과 두 각에 낀 한 변이 있을 때 이에 반화와 반교를 써서 계산을 세우는 것이 실려 있는데, 이것이 곧 불분선 삼률법이다.
전희조(錢熙祚)는 발제(跋題)[3]에서 말하길 감천강운초습(甘泉江雲樵襲)에서 그 방법을 쓴다고 했지만 그 방법을 세우는 근본은 말할 수 없었다.
西人穆尼閣天步眞原載 有斜弧三角形之兩邊夾一角及兩角夾一邊者
乃用半和半較立算 而此卽不分線三率法也
錢氏熙祚跋題曰 甘泉江雲樵襲用其法 而不能言其立法之根

이제 간평의(簡平儀) 그림계산법으로 보면, 반화호정현이 빗변이면 반외각정절이 높이가 되고, 반교호정현이 빗변이면 반교각정절이 높이가 된다.[1]
또 두 호의 정현화가 빗변이 되면 반화각정절은 높이가 되고, 두 호의 정현교가 빗변이 되면 반교각정절이 높이가 된다.[2]
그런데 두 호의 정현화는 곧 반화정현과 반교여현을 곱하고 두 배 한 수이고 두 호의 정현교는 곧 반교정현과 반화여현을 곱하고 두 배 한 수이다.[3]
今以簡平儀繪圖算法觀之 半和弧正弦爲弦 則半外角正切爲股
半較弧正弦爲弦 則半較角正切爲股
又兩弧之正弦和爲弦 則半和角正切爲股
兩弧之正弦較爲弦 則半較角正切爲股
而兩弧之正弦和 卽半和正弦乘半較餘弦倍之之數

---

1) 목니각(Jannees Nicolaus Smogolenski, 1611~1656) 폴란드 출신의 예수회 선교사. 중국 남경, 북건, 광동 등지에서 포교. 로그를 사용하여 구면삼각형의 문제를 푸는 방법을 소개했다.
2) 구면 위의 삼각형으로 세 변과 세 각을 모두 각도로 나타낸다.
3) 발제(跋題)는 책의 끝에 붙이는 글이다.

兩弧之正弦較 卽半較正弦乘半和餘弦倍之之數

따라서 반화정현과 반교정현의 비는 반외각정절과 반교각정절의 비와 같고, 반화여현과 반교여현의 비는 또한 반외각정절과 반화각정절의 비와 같다.④
이로 인해 호 삼각형(구면 삼각형)의 두 변을 알고 있으면 그 마주보는 변의 두 각은 화(합)가 있어서 교를 구할 수 있다. 교(차이)가 있으면 또 화도 구할 수 있다.
또 이러한 삼각형의 법에 정통하면 두 각을 알면 그 마주보는 대각의 두 변은 화가 있어서 교를 구할 수 있고 교가 있으면 또한 화도 구할 수 있다.
故半和正弦與半較正弦之比 同於 半外角正切與半較角正切之比
而半和餘弦與半較餘弦之比 亦必同於 半外角正切與半和角正切之比
因此而知弧三角形有所知之兩邊
則其對邊之兩角有和 可以求較 有較 亦可求和
又以次形之法通之 有所知之兩角 則其對角之兩邊有和 可以求較 有較 亦可求和

계산은 매우 간단하지만 얻은 수는 매우 진실하고 역서(歷書)도 다 드러낼 수 없는 것이니 그 법을 세우는 근본을 말하는 게 가능하겠는가?
그래서 단지 그 개략을 설명하고 세초를 갖추지 않으니 초학(初學)자는 오히려 남의 손에 의지해서는 근원을 탐구할 수 없다.
따라서 그것을 위하여 그림으로 보완한다.
入算旣簡 得數甚眞實 歷書未發之覆 可謂能言其立法之根矣
然只設其槩 不具細艸 初學尙無以藉手而探原
故爲之圖解以補之

☞ **역자 주 :** 위에서 표시한 각 과정을 현재의 기호로 나타내면 다음과 같다.

① a, b, c를 구면삼각형의 세 변이라 하고, A, B, C를 그 변이 마주보는 각이라 할 때,

$r\sin\frac{a+b}{2}$ (반화호정현) : 빗변

$$\Rightarrow\ r\tan\frac{180^\circ\ -C}{2}=r\cot\frac{C}{2}$$ (반외각정절) : 높이,

$r\sin\dfrac{a-b}{2}$ (반교호정현) : 빗변

$$\Rightarrow\ r\tan\frac{A-B}{2}$$ (반교각정절) : 높이

2 $r\sin a+r\sin b$ (두 호의 정현화) : 빗변

$$\Rightarrow\ r\tan\frac{A+B}{2}$$ (반화각정절) : 높이,

$r\sin a-r\sin b$ (두 호의 정현교) : 빗변

$$\Rightarrow\ r\tan\frac{A-B}{2}$$ (반교각정절) : 높이

3 $r\sin a+\sin b=2\,r\sin\dfrac{a+b}{2}\ \cos\dfrac{a-b}{2}$,

$r\sin a-r\sin b=2\,r\sin\dfrac{a-b}{2}\ \cos\dfrac{a+b}{2}$

4 $r\sin\dfrac{a+b}{2}:r\sin\dfrac{a-b}{2}=r\tan\dfrac{180^\circ-C}{2}:r\tan\dfrac{A-B}{2}$,

$r\cos\dfrac{a+b}{2}:r\cos\dfrac{a-b}{2}=r\tan\dfrac{180^\circ-C}{2}:r\tan\dfrac{A+B}{2}$

(1) 사호 삼각형에서 두 변에 낀 한 각이 있을 때 또 두 각을 구하는 법 斜弧三角形 有兩邊夾一角 求又二角法

두 변을 더한 것의 절반이 반화호이고, 뺀 것의 절반이 반교호이다.[1]
낀 각과 반원의 둘레를 서로 빼서 반으로 나누면 반외각이다.[2]
이에 반화호정현을 일률로 하고 반교호정현을 이율로 하고 반외각정절을 삼률로 해서 사율을 얻으면 반교각정절이 된다.[3]
또 반화호여현을 일률로 하고 반교호여현을 이율로 하고 반외각정절을 삼률로 해서 사율을 얻으면 반화각정절이 된다.[4]
표를 조사해서 반교각과 반화각을 얻어서, 서로 합하면 큰 각이 되고 빼면 작은 각이 된다.[5]
以兩邊相併 折半 爲半和弧 相減 折半 爲半較弧

以夾角與半周相減 折半爲半外角
乃以半和弧正弦爲一率 半較弧正弦爲二率 半外角正切爲三率 求得四率爲半較角正切
又以半和弧餘弦爲一率 半較弧餘弦爲二率 半外角正切爲三率 求得四率爲半和角正切
查表 得半較角及半和角 相併爲大角 相減爲小角

☞ **역자 주**: 위에서 표시한 각 과정을 현재의 기호로 나타내면 다음과 같다.

1 $\frac{a+b}{2}$: 반화호, $\frac{a-b}{2}$: 반교호

2 $\frac{180°-C}{2}$: 반외각

3 $r\sin\frac{a+b}{2} : r\sin\frac{a-b}{2} = r\tan\frac{180°-C}{2}(=\cot\frac{C}{2}) : r\tan\frac{A-B}{2}$

4 $r\cos\frac{a+b}{2} : r\cos\frac{a-b}{2} = r\tan\frac{180°-C}{2}(=\cot\frac{C}{2}) : r\tan\frac{A+B}{2}$

5 $\frac{A+B}{2}+\frac{A-B}{2}=A,\quad \frac{A+B}{2}-\frac{A-B}{2}=B$

풀이
① 반화호정현과 반교호정현의 비는 반외각정절과 반교각정절의 비와 같다.[1]
解曰 半和弧正弦與半較弧正弦之比 同於 半外角正切與半較角正切之比

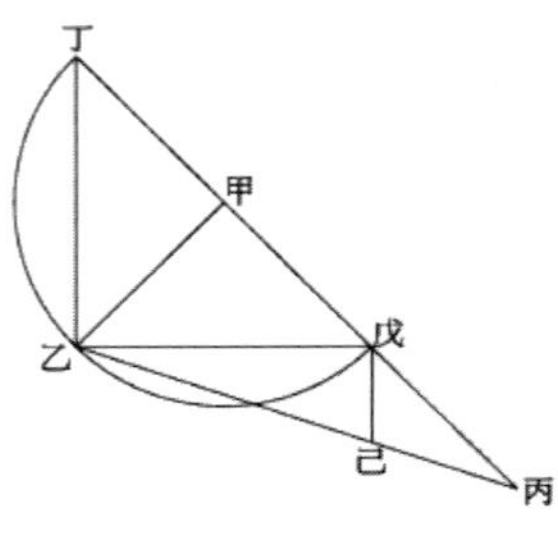

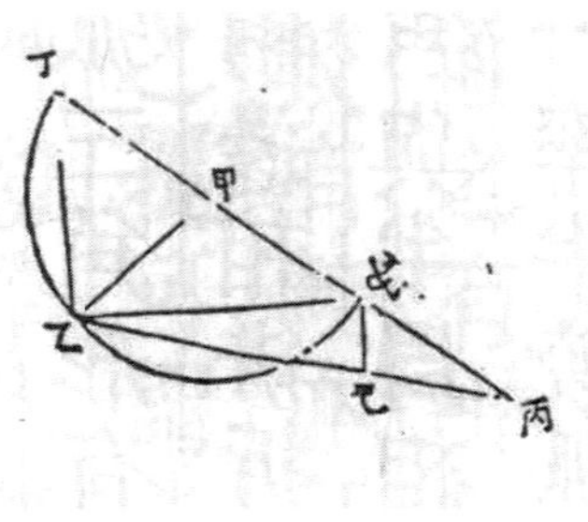

그림과 같이 삼각형 갑을병(甲乙丙)이 있다.

각 갑(甲)이 중심각이고 을(乙)을 경계로 해서 반원 둘레를 그리고 큰 변 갑병(甲丙)을 정까지 늘인다.

또 두 통현 을정(乙丁)과 을무(乙戊)를 그리고, 또 을정(乙丁)과 평행하게 선분 무기(戊己)를 그리면 정병(丁丙)은 양변화가 된다.[2]

갑정(甲丁)과 갑을(甲乙) 작은 변은 같이 반지름이 된다. 따라서 정병(丁丙)이 양변화가 된다.[3]

무병(戊丙)은 양변교가 된다.[4]

작은 변 갑무(甲戊)와 갑을(甲乙)은 같이 반지름이 된다. 따라서 무병(戊丙)은 양변교가 된다.[5]

을정(乙丁)은 반외각정절이 된다.[6]

삼각형의 세 각은 반드시 합해서 180°가 되고 일직선 위에 생기는 내외각도 반드시 합해서 180°가 된다.

따라서 갑(甲)의 외각도는 반드시 삼각형 갑을무(甲乙戊)의 두 각을(乙)과 무(戊)를 합한 각도와 같고, 두 선분 갑을(甲乙)과 갑무(甲戊)는 이미 같으므로 두 각도 을(乙)과 무(戊)는 반드시 서로 같고 각각은 갑(甲)의 외각의 반이 된다.[7]

또 각 정을무(丁乙戊)는 반원의 경계에 세워져서 직각이므로 선분 을정(乙丁)은 반드시 선분 을무(乙戊)의 수선이 된다.

을무(乙戊)를 반지름으로 삼으면 을정(乙丁)은 반드시 (각 갑(甲)의) 반외각 을무갑(乙戊甲)의 정절이 된다.

무기(戊己)는 반교각정절이 된다.[8]

삼각형 갑을병(甲乙丙)의 두 각 을(乙)과 병(丙)을 합한 각도와 삼각형 갑을무(甲乙戊)의 두 각 을(乙)과 무(戊)를 합한 각도는 똑같이 갑(甲)의 외각도가 되어 서로 같으므로[9], 각 병을무(丙乙戊)는 반드시 각 병을갑(丙乙甲)과 각 무을갑(戊乙甲)의 차가 되고, 또한 각 을병갑(乙丙甲)과 각 무을갑(戊乙甲)의 차이가 되고, 각 병을갑(丙乙甲)과 각 을병갑(乙丙甲)의 차의 반이 된다.[10]

또 선분 무기(戊己)와 선분 을정(乙丁)이 평행이므로 또한 선분 을무(乙戊)의 수선이 된다.

을무(乙戊)를 반지름으로 삼으면 무기(戊己)는 반드시 반교각 병을무(丙乙戊) 의 정절이 된다.

그런데 삼각형 을병정(乙丙丁)과 삼각형 기병무(己丙戊)는 닮은꼴이다.[11]

두 삼각형은 각 병(丙)을 공통으로 갖고 을정(乙丁)과 무기(戊己)는 평행이므로 닮은꼴이 된다.

따라서 정병(丁丙)과 무병(戊丙)의 비는 을정(乙丁)과 무기(戊己)의 비와 같다.[12]

如圖甲乙丙三角形 以甲角爲心 以乙爲界 作半圓周 將甲丙大邊引長至丁 又作乙丁乙戊兩通弦 又與乙丁平行 作戊己線 則丁丙爲兩邊和

甲丁與甲乙小邊同爲半徑 故丁丙爲兩邊和

戊丙爲兩邊較

甲戊與甲乙小邊同爲半徑 故戊丙爲兩邊較

乙丁爲半外角正切

三角形之三角度必共一百八十度 一直線上所成內外角亦必共一百八十度
故甲外角度必與甲乙戊三角形之乙戊二角共度等 而甲乙甲戊二線旣相等
則乙戊二角度必相等 各爲甲外角之半矣
且丁乙戊角立於半圓界爲直角 則乙丁線必爲乙戊線之垂線
以乙戊爲半徑 則乙丁必爲乙戊甲半外角之正切也

戊己爲半較角正切

甲乙丙三角形之乙丙二角共度 與甲乙戊三角形之乙戊二角共度同
爲甲外角度
而相等 則丙乙戊角必爲丙乙甲角大於戊乙甲角之較
亦必爲乙丙甲角小於戊乙甲角之較 而爲丙乙甲角大於乙丙甲角之較之半矣
且戊己線與乙丁線平行 則亦必爲乙戊線之垂線
乙戊爲半徑 則戊己必爲丙乙戊半較角之正切也

而乙丙丁三角形與己丙戊三角形爲同式形

兩三角形共用一丙角 而乙丁與戊己平行 故爲同式形

故丁丙與戊丙之比 同於 乙丁與戊己之比也

☞ **역자 주:** 위의 풀이에 표시한 각 계산 과정을 현재의 기호로 나타내면 다음과 같다.

1 $r\sin\dfrac{a+b}{2} : r\sin\dfrac{a-b}{2} = r\tan\dfrac{180° - C}{2} : r\tan\dfrac{A-B}{2}$

2 $\overline{丁丙} = \overline{甲乙} + \overline{甲丙}$

3 $\overline{甲丁} = \overline{甲乙},\ \overline{丁丙} = \overline{甲丁} + \overline{甲丙} = \overline{甲乙} + \overline{甲丙}$

4 $\overline{戊丙}=\overline{甲丙}-\overline{甲乙}$

5 $\overline{甲戊}=\overline{甲乙}$, $\overline{戊丙}=\overline{甲丙}-\overline{甲戊}=\overline{甲丙}-\overline{甲乙}$

6 $\angle 乙戊甲=\dfrac{180°-\angle 甲}{2}$: 각 갑(甲)의 반외각

$乙丁=乙戊\tan\dfrac{180°-\angle 甲}{2}=乙戊\tan(\angle 乙戊甲)$

7 $180°-\angle 甲=\angle 甲乙戊+\angle 乙戊甲$, $\overline{甲乙}=\overline{乙戊}$,

$\angle 甲乙戊=\angle 乙戊甲=\dfrac{180°-\angle 甲}{2}$

8 $\angle 丙乙戊=\dfrac{\angle 丙乙甲-\angle 乙丙甲}{2}$

$\overline{戊己}=\overline{乙戊}\tan\angle 丙乙戊=\overline{乙戊}\tan\dfrac{\angle 丙乙甲-\angle 乙丙甲}{2}$

9 $\angle 丙乙甲+\angle 乙丙甲=\angle 戊乙甲\ \angle 乙戊甲=180°-\angle 甲$

10 $\angle 丙乙戊\ =\angle 丙乙甲-\angle 戊乙甲=\angle 戊乙甲-\angle 乙丙甲$

$=\dfrac{\angle 丙乙甲-\angle 乙丙甲}{2}$

11 $\triangle 乙丙丁 \backsim \triangle 己丙戊$

12 $\overline{丁丙}:\overline{戊丙}=\overline{乙丁}:\overline{戊己}$,

$\overline{甲乙}+\overline{甲丙}:\overline{甲丙}-\overline{甲乙}=r\tan\dfrac{180°-\angle 甲}{2}:r\tan\dfrac{\angle 丙乙甲-\angle 乙丙甲}{2}$

이것이 평 삼각(평면 삼각형)의 선분외각을 자르는 방법이다.
호 삼각(구면 삼각형)이면 세 각도는 180°에 구속되지 않고, 세 변은 모두 호도(각도)와 연계되어 이 방법으로 다룰 수 없다.
그러나 내각과 외각을 합하면 180°가 된다.
此平三角之切線分外角法也
弧三角 則三角度不囿於一百八十度 而三邊俱係弧度 似不可以此法御之
然内外角之共度 則爲一百八十度

또 평의(平儀)의 중심을 지나는 대권(大圈)은 시법(視法)에 있어서 직선이고, 생기는 각은 평각과 다름이 없다.

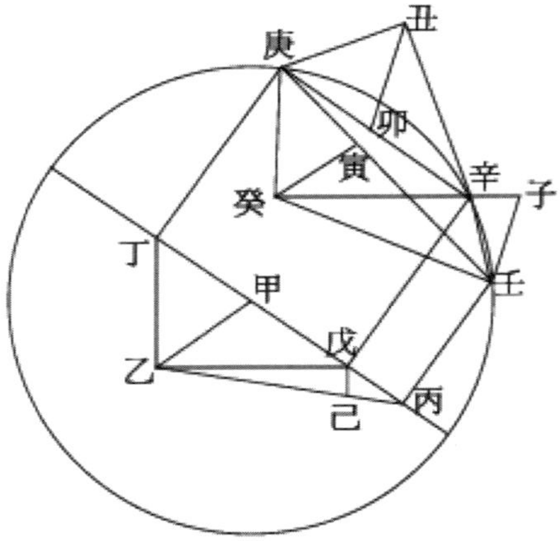

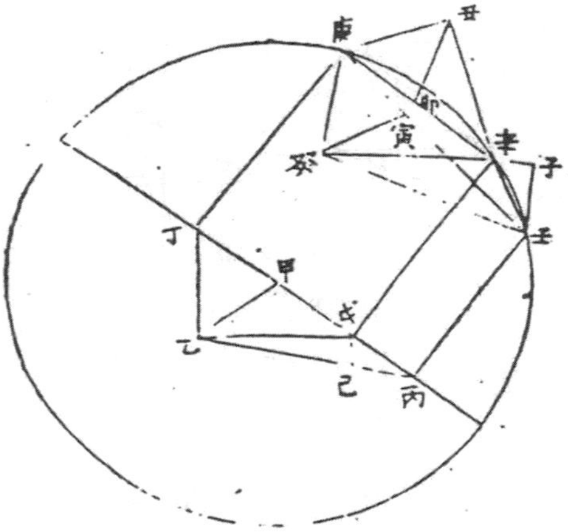

따라서 이제 구면 삼각형의 각 갑(甲)은 의(儀)의 중심 안에 있으므로 화호 정병(丁丙)과 교호 무병(戊丙) 모두 직선이 된다.
을정(乙丁)은 반외각정절이고 무기(戊己)는 반교각정절인데 곱은 삼각형과 평면삼각형이 다르지 않다.
그러나 직선의 길고 짧음을 시법(視法)에 따라 취하면, 의(儀)의 중심에 가까우면 펼쳐지고 의(儀)의 변에 가까우면 줄어든다.
〔만약 의(儀)의 변을 넘으면 호선은 점차 길어지고 시선(視線)은 더욱 짧아진다. 정현의 이치와 같다.〕

且平儀之過中心大圈 在視法 爲直線 而所成之角與平角無異
故今將弧三角之甲角安於儀心 則丁丙和弧戊丙較弧俱爲直線
乙丁爲半外角正切 戊己爲半較角正切 宛與平三角形無異矣
然直線之長短以視法取之 則近儀心舒 而近儀邊縮
〔若過儀邊 則弧線漸長 而視線愈短 與正弦之理同〕

도에 따라 그 수를 다시 보면 실마리가 없고 오직 그 통현이 직선과 서로 만나는 실도(實度)가 되어 비례가 될 수 있다.
더 논의하면 화호통현은 경임(庚壬)이 되고 교호통현은 신임(辛壬)이 된다.[1]
작은 호의 통현을 두 배하면 〔즉 직각삼각형 을정무(乙丁戊)의 빗변〕 경신(庚辛)이 된다.[2]

측면을 보면 서로 평행이 아니지만 삼각형 을병정(乙丙丁)은 선분 경임(庚壬) 위에 세워지고 즉 계경임(癸庚壬)[3]
삼각형 기병무(己丙戊)는 선분 신임(辛壬) 위에 세워지고 즉 자신임(子辛壬)[4]
직각삼각형 을정무(乙丁戊)는 선분 경신(庚辛) 위에 세워져서 즉 축경신(丑庚辛)[5] 각각 그 자리를 차지하고
〔선분 경임(庚壬), 선분 경신(庚辛), 선분 신임(辛壬)은 모두 한 직선 위에 있지 않다.〕
각 그 수가 있다.
〔선분 경신(庚辛)과 선분 신임(辛壬) 합한 것은 선분 경임(庚壬)보다 크다.〕
隨度改觀 其數無紀 而惟其通弦爲直線相遇之實度 可以爲比例也
且論 和弧通弦爲庚壬 較弧通弦爲辛壬 倍小弧通弦〔卽乙丁戊勾股形之弦〕爲庚辛
側面觀之 不相平行 而乙丙丁三角形成於庚壬線上〔卽癸庚壬〕
己丙戊三角形成於辛壬線上〔卽子辛壬〕
乙丁戊勾股形成於庚辛線上〔卽丑庚辛〕各占其地
〔如庚壬線 庚辛線 辛壬線 不同在一線上〕各有其數
〔如庚辛線 辛壬線 相倂大於庚壬線〕

☞ **역자 주 :** 위에 표시한 각 과정을 현재의 기호로 나타내면 다음과 같다.

[1] $\overline{丁丙} \Rightarrow \overline{庚壬}$, $\overline{戊丙} \Rightarrow \overline{辛壬}$

[2] $\overline{丁戊} \Rightarrow \overline{庚辛}$

[3] △乙丙丁 ⇒ △癸庚壬

[4] △己丙戊 ⇒ △子辛壬

[5] △乙丁戊 ⇒ △丑庚辛

그러나 삼각형 계경임(癸庚壬)의 두 각 계(癸)와 경(庚), 직각삼각형 축경신(丑庚辛)의 두 각 축(丑)과 경(庚)이 원래 한 곳에 함께 있었고, 각 계(癸)로부터 나온 선에서 신(辛)에 이르도록 선분 계신(癸辛)을 그리면 반드시 선분 축신(丑辛)과 합치된다.[1]

굽어보면(俯視) 점 신(辛)은 선분 경임(庚壬) 위에 놓이고 또 점 인(寅)은 점 묘(卯)와 합치된다.

따라서 각도와 절선의 상응이 반드시 같다.

삼각형 계경임(癸庚壬)과 삼각형 자신임(子辛壬)은 각 임(壬)을 공통으로 쓰므로 굽어보면 신임(辛壬)과 경임(庚壬)은 합치되어 하나의 선이 된다.

따라서 반드시 닮은꼴이 된다.[2]

이로부터 경임(庚壬)〔화호통현〕과 신임(辛壬)〔교호통현〕의 비는 계경(癸庚)〔반외각정절〕과 자신(子辛)〔반교각정절〕의 비와 같다.[3]

> 삼각형 계경신(癸庚辛)과 삼각형 축경신(丑庚辛)이 합치되는 것으로 보면, 계경(癸庚)은 반외각정절이 되고 자신(子辛)은 반교각정절이 되는 것은 의심할 바가 없다.
>
> 계경임(癸庚壬)형과 자신임(子辛壬)형의 비로 논의하면, 경임(庚壬)과 계경(癸庚), 신임(辛壬)과 자신(子辛)이 서로 비례 4률에 해당하는 것은 또한 의심할 바가 없다.

그런데 화호통현의 반은 곧 반화호정현이고 교호통현의 반은 곧 반교호정현이다.[4]

무릇 반과 반의 비는 전체와 전체의 비와 같다.

따라서 반화호정현과 반외각정절의 비는 반교호정현과 반교각정절의 비와 같다.[5]

이것이 구하는 것이니, 두 평각 계(癸)와 임(壬)의 반교이다.[6]

然癸庚壬三角形之癸庚二角 與丑庚辛勾股形之丑庚二角 原共在一處

自癸角出線抵辛作癸辛線 必與丑辛線合

而俯視 則辛點在於庚壬線上 且寅點與卯點合

故角度切線之相應必同

癸庚壬三角形與子辛壬三角形共用一壬角而俯視則辛壬與庚壬合爲一線

故必爲同式形矣

是以庚壬〔和弧通弦〕與辛壬〔較弧通弦〕之比 同於 癸庚〔半外角正切〕與子辛〔半較角正切〕之比

> 以癸庚辛形與丑庚辛形合而觀之
>
> 則癸庚爲半外角正切 子辛爲半較角正切 無疑矣
>
> 以癸庚壬形與子辛壬形比而論之
>
> 則庚壬與癸庚 辛壬與子辛 爲相當比例四率 亦無疑矣

而和弧通弦之半 卽半和弧正弦 較弧通弦之半 卽半較弧正弦
夫半與半之比 同於 全與全之比
故半和弧正弦與半外角正切之比 同於 半較弧正弦與半較角正切之比也
此所求者 乃癸壬二平角之半較也

☞ **역자 주 :** 위에 표시한 각 과정을 현재의 기호로 나타내면 다음과 같다.

1 癸辛＝丑辛

2 △癸庚壬∽△子辛壬

3 庚壬 : 辛壬＝癸庚 : 子辛

4 $\frac{\text{화호통현}}{2} = r\sqrt{2-2\cos(a+b)} = r\sin\frac{a+b}{2} = \text{반화호정현}$

$\frac{\text{교호통현}}{2} = r\sqrt{2-2\cos(a-b)} = r\sin\frac{a-b}{2} = \text{반교호정현}$

5 반화호정현 : 반외각정절＝반교호정현 : 반교각정절

$\frac{\text{庚壬}}{2}$: 癸庚 ＝ $\frac{\text{辛壬}}{2}$: 子辛

6 子辛 $= r\tan\left(\frac{\angle\text{癸} - \angle\text{壬}}{2}\right)$

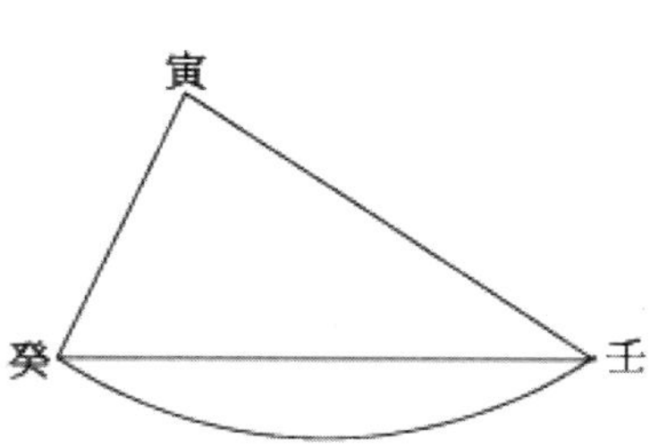

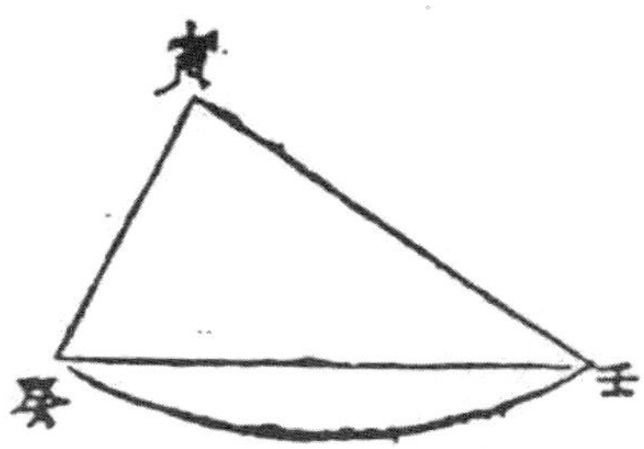

계임(癸壬)선 곁에 하나의 호를 그려보면 직선 계임(癸壬)은 통현이 되고 만들어진 한 호에서 화살 모양의 뾰족한 부분은 반드시 같고, 호각(弧角)은 평각(平角)의 각도보다 크다.
따라서 호각 계(癸)가 평각 계(癸)보다 큰 것은 호각 임(壬)이 평각 임(壬)보다 큰 것과 반드시 같다.

큰 정도가 이미 같으므로 그 차이는 변하지 않는다.
따라서 평각의 반교는 곧 호각의 반교이다.
試於癸壬線傍作一弧 則癸壬直線爲通弦 於成一弧矢形其兩尖必等 而爲弧角大於平角之度
故癸弧角之大於癸平角者 與壬弧角之大於壬平角者 必等
所大之度旣等 則其較不變
故平角之半較 卽弧角之半較也

② 두 호의 정현화와 두 호의 정현교의 비는 반화각정절과 반교각정절의 비와 같다.[1]
兩弧正弦和與兩弧正弦較之比 同於 半和角正切與半較角正切之比

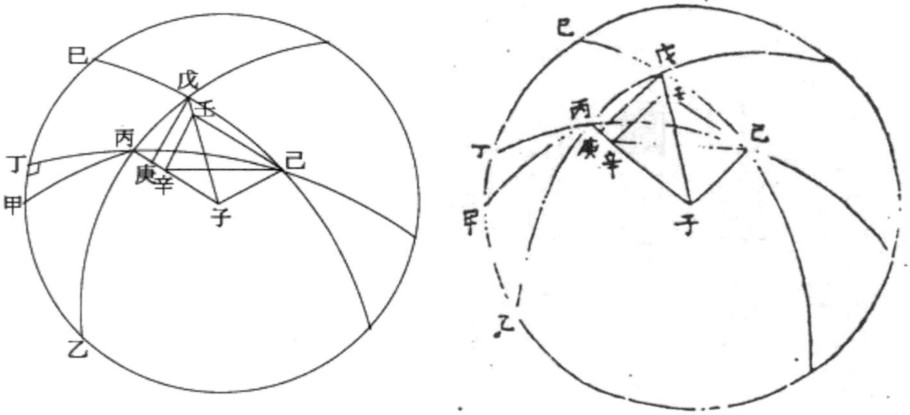

그림과 같이 구면 삼각형 갑을병(甲乙丙)이 있다.
수호(垂弧) 정병(丁丙)을 삼각형 바깥에 정호(正弧) 삼각형(직각 구면 삼각형) 정을병(丁乙丙)이 생기도록 그리면, 직각 정(丁)의 정현인 무자(戊子)[즉 반지름]는 빗변이 되고 호 을병(乙丙)의 정현인 경자(庚子)는[2]

을무(乙戊)는 1상한이므로 호 병무(丙戊)는 호 을병(乙丙)의 여호가 된다. 따라서 호 병무(丙戊)의 여현 경자(庚子)는 호 을병(乙丙)의 정현이 된다.[3]

높이가 된다.
각 을(乙)의 정현인 임자(壬子)는[4]

사기(巳己)는 1상한이므로 호 무기(戊己)는 을(乙)각도 호 사무(巳戊)

의 여호가 된다. 따라서 호 무기(戊己)의 여현 임자(壬子)는 을(乙)각도 호 사무(巳戊)의 정현이다.[5]

빗변이 되고, 호 정병(丁丙)의 정현인 신자(辛子)는[6]

정기(丁己)는 1상한이므로 호 병기(丙己)는 호 정병(丁丙)의 여현이다. 따라서 호 병기(丙己)의 여현인 신자(辛子)는 호 정병(丁丙)의 정현이다.[7]

높이가 된다.

두 직각삼각형은 또한 닮은꼴이 된다.[8]

따라서 경자(庚子)와 무자(戊子)의 비는 신자(辛子)와 임자(壬子)의 비와 같고 경자(庚子)와 임자(壬子) 무자(戊子)와 신자(辛子)는 변형된 비례 4률이다.[9]

如圖 甲乙丙斜弧三角形

作丁丙垂弧於形外 成丁乙丙正弧三角形

則丁直角正弦戊子〔卽半徑〕爲弦

而乙丙弧正弦庚子

乙戊爲一象限 則丙戊弧爲乙丙弧之餘弧

故丙戊弧之餘弦庚子爲乙丙弧之正弦

爲股

乙角正弦壬子

巳己爲一象限 則戊己弧爲乙角度己戊弧之餘弧

故戊己弧之餘弦壬子爲乙角度己戊弧之正弦

爲弦

而丁丙弧正弦辛子

丁己爲一象限 則丙己弧爲丁丙弧之餘弧

故丙己弧之餘弦辛子爲丁丙弧之正弦

爲股

兩勾股形爲同式形

故庚子與戊子之比 同於 辛子與壬子之比

而庚子與壬子 戊子與辛子 爲轉比例四率也

☞ **역자 주** : 위의 풀이에 표시한 각 계산 과정을 현재의 기호로 나타내면 다음과 같다.

1 $r\sin a + r\sin b : r\sin a - r\sin b = r\tan\frac{A+B}{2} : r\tan\frac{A-B}{2}$

2 $r\sin\angle\text{丁} = r = \overline{\text{戊子}}$
$r\sin\overset{\frown}{\text{乙丙}} = \overline{\text{庚子}}$

3 $\overset{\frown}{\text{乙戊}} = 1\text{상한}(=90^\circ) = \overset{\frown}{\text{乙丙}} + \overset{\frown}{\text{丙戊}}$
$\overline{\text{庚子}} = r\cos\overset{\frown}{\text{丙戊}} = r\cos(90^\circ - \overset{\frown}{\text{乙丙}}) = r\sin\overset{\frown}{\text{乙丙}}$

4 $r\sin\angle\text{乙} = \overline{\text{壬子}}$

5 $\overset{\frown}{\text{巳己}} = 1\text{상한}(=90^\circ) = \overset{\frown}{\text{巳戊}} + \overset{\frown}{\text{戊己}}$
$\overline{\text{壬子}} = r\cos\overset{\frown}{\text{戊己}} = r\cos(90^\circ - \overset{\frown}{\text{巳戊}}) = r\sin\overset{\frown}{\text{巳戊}} = r\sin\angle\text{乙}$

6 $r\sin\overset{\frown}{\text{丁丙}} = \overline{\text{辛子}}$

7 $\overset{\frown}{\text{丁己}} = 1\text{상한}(=90^\circ) = \overset{\frown}{\text{丁丙}} + \overset{\frown}{\text{丙己}}$
$\overline{\text{辛子}} = r\cos\overset{\frown}{\text{丙己}} = r\cos(90^\circ - \overset{\frown}{\text{丁丙}}) = r\sin\overset{\frown}{\text{丁丙}}$

8 $\triangle\text{戊子庚} \backsim \triangle\text{壬子辛}$

9 $\overline{\text{庚子}} : \overline{\text{戊子}} = \overline{\text{辛子}} : \overline{\text{壬子}}$
$\overline{\text{庚子}} : \overline{\text{壬子}} = \overline{\text{戊子}} : \overline{\text{辛子}}$

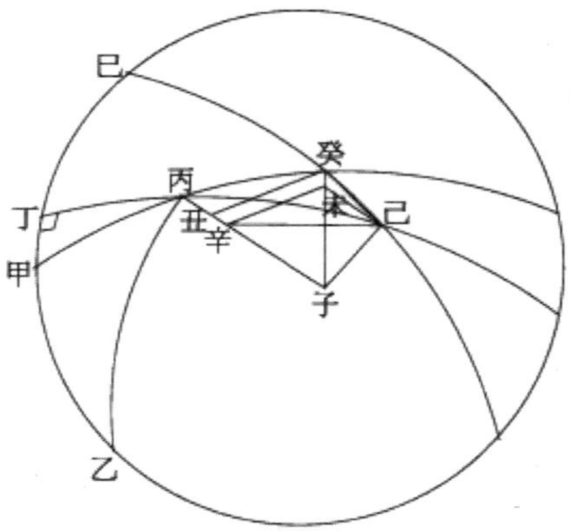

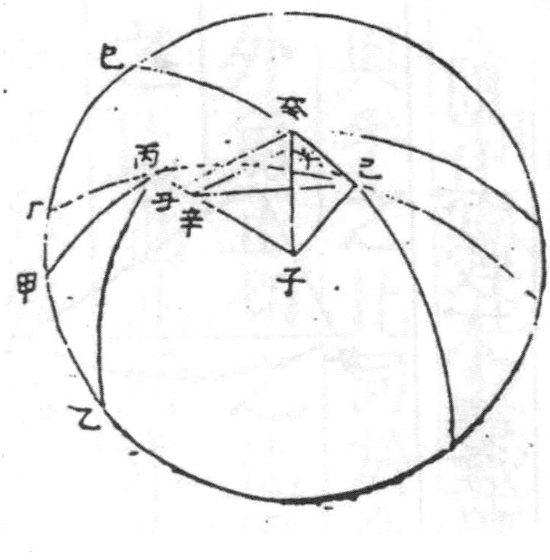

또 같은 두 번째 그림에서 허형(虛形) 정갑병(丁甲丙)이 있다.

직각 정(丁) 의 정현인 계자(癸子)는[1]

무자(戊子)와 같이 반지름이 된다.

빗변이 되고, 호 갑병(甲丙)의 정현인 축자(丑子)는[2]

갑계(甲癸)는 1상한이므로 호 병계(丙癸)는 호 갑병(甲丙)의 여호가 된다. 따라서 호 병계(丙癸)의 여현인 축자(丑子)는 호 갑병(甲丙)의 정현이다.[3]

높이가 된다.

각 갑(甲)의 정현인 오자(午子)는[4]

사기(巳己)는 1상한이므로 호 사계(巳癸)는 갑(甲)각도 호 기계(癸己)의 여호가 된다. 따라서 호 계기(癸己)의 여현인 오자(午子)는 갑(甲)각도 호 사계(巳癸)의 정현이다.[5]

빗변이 되고, 호 정병(丁丙)의 정현인 신자(辛子)는[6] 높이가 된다.

두 직각삼각형은 또한 닮은꼴이 된다.[7]

따라서 축자(丑子)와 계자(癸子)의 비는 신자(辛子)와 오자(午子)의 비와 같고 축자(丑子)와 오자(午子) 계자(癸子)와 신자(辛子)는 변형된 비례 4률이다.[8]

무릇 두 비례의 이율과 삼률이 이미 같으므로

똑같이 반지름과 신자(辛子)로 이율과 삼율이 된다.[9]

그 일률과 사율은 반드시 서로 비례에 해당된다.

따라서 경자(庚子)[각 갑(甲)이 마주보는 호 을병(乙丙)의 정현]와 오자(午子)[갑 (甲)각의 정현]의 비는 반드시 축자(丑子)[각 을(乙)이 마주보는 호 갑병(甲丙)의 정의 현]와 임자(壬子)[각 을(乙)정현]의 비와 같다.[10]

이것이 구면 삼각형의 변과 각의 비례법이다.

又如等二圖 丁甲丙虛形

丁直角正弦癸子

與戊子同爲半徑

爲弦

而甲丙弧正弦丑子

甲癸爲一象限 則丙癸弧爲甲丙弧之餘弧

故丙癸弧之餘弦丑子爲甲丙弧之正弦

爲股

甲角正弦午子

巳己爲一象限 則癸己弧爲甲角度巳癸弧之餘弧

故癸己弧之餘弦午子爲甲角度巳癸弧之正弦

爲弦

而丁丙弧正弦辛子爲股

兩勾股形亦爲同式形

故丑子與癸子之比 同於 辛子與午子之比

而丑子與午子 癸子與辛子 爲轉比例四率也

夫兩比例之二三率旣同

同以半徑與辛子爲二三率

則其一四率必互爲相當比例

故庚子〔甲角所對乙丙弧正弦〕與午子〔甲角正弦〕之比 必同於 丑子〔乙角所對甲丙弧正弦〕與壬子〔乙角正弦〕之比也

此斜弧三角之邊角比例法也

☞ **역자 주 :** 위의 풀이에 표시한 각 계산 과정을 현재의 기호로 나타내면 다음과 같다.

[1] $r\sin(\angle \text{丁}) = r = \overline{\text{癸子}}$

[2] $r\sin\overset{\frown}{\text{甲丙}} = \overline{\text{丑子}}$

[3] $\overset{\frown}{\text{甲癸}} = 1\text{상한} = \overset{\frown}{\text{甲丙}} + \overset{\frown}{\text{丙癸}}$

$\overline{\text{丑子}} = r\cos\overset{\frown}{\text{丙癸}} = r\cos(90^\circ - \overset{\frown}{\text{甲丙}}) = r\sin\overset{\frown}{\text{甲丙}}$

[4] $r\sin\angle\text{甲} = \overline{\text{午子}}$

[5] $\overset{\frown}{\text{巳己}} = 1\text{상한} = \overset{\frown}{\text{巳癸}} + \overset{\frown}{\text{癸己}}$

$\overline{\text{午子}} = r\cos\overset{\frown}{\text{癸己}} = r\cos(90^\circ - \overset{\frown}{\text{巳癸}}) = r\sin\overset{\frown}{\text{巳癸}} = r\sin\angle\text{甲}$

[6] $r\sin\overset{\frown}{\text{丁丙}} = \overline{\text{辛子}}$

[7] $\triangle\text{癸子丑} \backsim \triangle\text{午子辛}$

[8] $\overline{\text{丑子}} : \overline{\text{癸子}} = \overline{\text{辛子}} : \overline{\text{午子}}$

$\overline{\text{丑子}} : \overline{\text{午子}} = \overline{\text{癸子}} : \overline{\text{辛子}}$

[9] 앞의 설명 [9]에서 $\overline{\text{庚子}}:\overline{\text{戊子}}=\overline{\text{辛子}}:\overline{\text{壬子}}$,
지금 [8]에서 $\overline{\text{丑子}}:\overline{\text{癸子}}=\overline{\text{辛子}}:\overline{\text{午子}}$,
$\overline{\text{戊子}}=r=\overline{\text{癸子}}$

[10] 庚子 : 午子 = 丑子 : 壬子
$r\sin\widehat{\text{乙丙}} : r\sin\angle\text{甲} = r\sin\widehat{\text{甲丙}} : r\sin\angle\text{乙}$

이제 두 호의 정현을 서로 더하면 화가 되고, 서로 빼면 교가 된다.[1]
두 각의 정현을 서로 더하면 화가 되고, 서로 빼면 교가 된다.[2]
그 화와 교의 상호간의 비는 호와 각의 정현 상호간의 비와 또한 반드시 같다.[3]
〔일반적으로 비례에 해당하는 것을 나누고 합하면 그 비례는 이에 같다.〕
今將兩弧之正弦 相加爲和 相減爲較
兩角之正弦 相加爲和 相減爲較
以其和較互相爲比 亦必同於 弧角正弦之互相爲比也
〔凡相當比例 分之 合之 其比例仍同〕

☞ **역자 주 :** 위에서 표시한 각 과정을 현재의 기호로 나타내면 다음과 같다.

[1] $r\sin a + r\sin b$: 두 호의 정현화
$r\sin a - r\sin b$: 두 호의 정현교

[2] $r\sin A + r\sin B$: 두 각의 정현화
$r\sin A - r\sin B$: 두 각의 정현교

[3] $r\sin a + r\sin b : r\sin a - r\sin b = r\sin A + r\sin B : r\sin A - r\sin B$

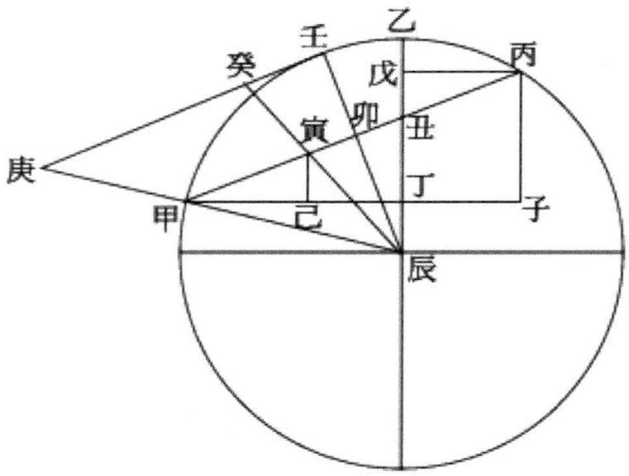

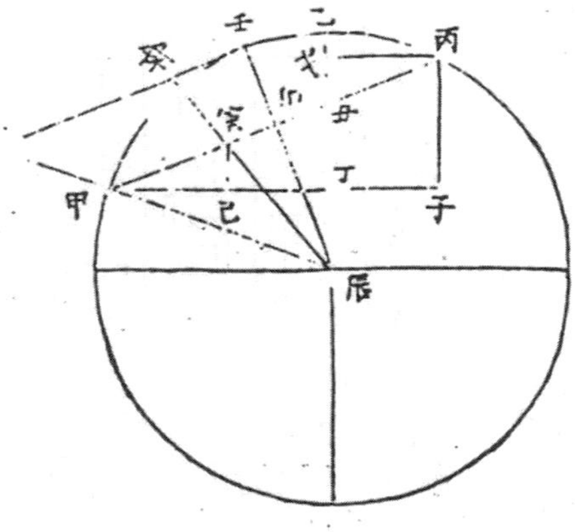

또 갑을(甲乙)은 큰 호가되고 갑정(甲丁)은 그 정현이 되고 을병(乙丙)은 작은 호가 되고 무병(戊丙)은 그 정현이 된다.[1]

갑자(甲子)는 곧 두 정현의 합이고, 기정(己丁)은 곧 두 정현의 차이이다.[2]

또 화호통현 갑병(甲丙)을 그린다.

그 갑병(甲丙)이 빗변이 되면 갑자(甲子)〔정현화〕는 높이가 된다.[3]

갑축(甲丑)이 빗변이 되면 갑정(甲丁)〔큰 호의 정현〕은 높이가 된다.[4]

축병(丑丙)이 빗변이 되면 무병(戊丙)〔작은 호의 정현〕은 높이가 된다.[5]

인축(寅丑)이 빗변이 되면 기정(己丁)〔정현교〕은 높이가 된다.[6]

모두 각각 빗변과 높이의 비례에 해당하고 통현 갑병(甲丙)이 묘(卯)에서 반으로 나누어지면, 갑묘(甲卯)는 반화정현이 되고 갑자(甲子)와 기정(己丁)의 비는 이에 갑묘(甲卯)와 인묘(寅卯)〔즉 인축(寅丑)의 반〕의 비와 같다.[7]

> 반과 반의 비는 전체와 전체의 비와 같다. 따라서 갑묘(甲卯)와 인묘(寅卯)의 비는 갑병(甲丙)과 인축(寅丑)의 비와 같다.

또 통현 갑병(甲丙)과 평행하게 절선 경임(庚壬)을 그리면 경임(庚壬)은 반화호정절이 되고 계자(癸壬)는 반교호정절이 된다.[8]

직각삼각형 경임진(庚壬辰)과 직각삼각형 갑묘진(甲卯辰)은 닮은꼴이 되고 또 직각삼각형 계임진(癸壬辰)과 직각삼각형 인묘진(寅卯辰)도 닮은꼴이 된다.[9]

따라서 경임(庚壬)〔반화호정절〕과 계임(癸壬)〔반교호정절〕의 비는 갑묘(甲卯)와 인묘(寅卯)의 비와 같고 이에 갑자(甲子)〔정현화〕와 기정(己丁)〔정

현교]의 비와 같다.[10]

두 호와 두 각의 정현화와 정현교가 이미 서로 비례에 해당하고, 반화정절과 반교정절의 비는 또 정현화와 정현교의 비와 같다.[11]

따라서 두 호의 정현화와 두 호의 정현교의 비는 반화각정절과 반교각정절의 비와 같다.[12]

且甲乙爲大弧 甲丁爲其正弦 乙丙爲小弧 戊丙爲其正弦
甲子卽兩正弦之和 己丁卽兩正弦之較
又作甲丙和弧通弦
其甲丙爲弦 則甲子〔正弦和〕爲股
甲丑爲弦 則甲丁〔大弧正弦〕爲股
丑丙爲弦 則戊丙〔小弧正弦〕爲股
寅丑爲弦 則己丁〔正弦較〕爲股
俱各相當爲弦與股之比例 而將甲丙通弦半之于卯 則甲卯爲半和正弦
而甲子與己丁之比 仍同於 甲卯與寅卯〔卽寅丑之半〕之比矣

　　半與半之比 同於 全與全之比
　　故甲卯與寅卯之爲比 同於 甲丙與寅丑之爲比也

又與甲丙通弦平行 作庚壬切線 則庚壬爲半和弧正切 癸壬爲半較弧正切
庚壬辰勾股形與甲卯辰勾股形爲同式形
又癸壬辰勾股形與寅卯辰勾股形爲同式形
故庚壬〔半和弧正切〕與癸壬〔半較弧正切〕之比 同於 甲卯與寅卯之比
仍同於甲子〔正弦和〕與己丁〔正弦較〕之比也
兩弧兩角之正弦和較旣互爲相當比例
而半和正切與半較正切之比 又同於 正弦和與正弦較之比
故兩弧正弦和與兩弧正弦較之比 同於 半和角正切與半較角正切之比也

☞ **역자 주 :** 위의 풀이에 표시한 각 계산 과정을 현재의 기호로 나타내면 다음과 같다.

[1] $r\sin\overset{\frown}{甲乙}=\overline{甲丁}$
$r\sin\overset{\frown}{乙丙}=\overline{戊丙}$

[2] $\overline{甲子}=\overline{甲丁}+\overline{丁子}=\overline{甲丁}+\overline{戊丙}$
$=r\sin\overset{\frown}{甲乙}+r\sin\overset{\frown}{乙丙}$: 두 정현의 합
$\overline{己丁}=\overline{甲丁}-\overline{甲乙}=\overline{甲丁}-\overline{戊丙}$

$= r\sin\overset{\frown}{甲乙} - r\sin\overset{\frown}{乙丙}$: 두 정현의 차이

3 $\overline{甲丙}$: 빗변 => $\overline{甲子} = r\sin\overset{\frown}{甲乙} + r\sin\overset{\frown}{乙丙}$: 높이

4 $\overline{甲丑}$: 빗변 => $\overline{甲丁} = r\sin\overset{\frown}{甲乙}$: 높이

5 $\overline{丑丙}$: 빗변 => $\overline{戊丙} = r\sin\overset{\frown}{乙丙}$: 높이

6 $\overline{寅丑}$: 빗변 => $\overline{己丁} = r\sin\overset{\frown}{甲乙} - r\sin\overset{\frown}{乙丙}$: 높이

7 $\overline{甲卯} = \dfrac{\overline{甲丙}}{2} = r\sin\dfrac{\overset{\frown}{甲乙} + \overset{\frown}{乙丙}}{2}$

$\overline{甲子} : \overline{己丁} = \overline{甲卯} : \overline{寅卯}$

8 $\overline{庚壬} = r\tan\overset{\frown}{甲壬} = r\tan\dfrac{\overset{\frown}{甲丙}}{2} = r\tan\dfrac{\overset{\frown}{甲乙} + \overset{\frown}{乙丙}}{2}$

$\overline{癸子} = r\tan\dfrac{\overset{\frown}{甲乙} - \overset{\frown}{乙丙}}{2}$

9 △庚壬辰∽△甲卯辰
△癸壬辰∽△寅卯辰

10 $\overline{庚壬} : \overline{癸壬} = \overline{甲卯} : \overline{寅卯} = \overline{甲子} : \overline{己丁}$

반화호정절 : 반교호정절 = 정현화 : 정현교

$r\tan\dfrac{\overset{\frown}{甲乙} + \overset{\frown}{乙丙}}{2} : r\tan\dfrac{\overset{\frown}{甲乙} - \overset{\frown}{乙丙}}{2}$

$= r\sin\overset{\frown}{甲乙} + r\sin\overset{\frown}{乙丙} : r\sin\overset{\frown}{甲乙} - r\sin\overset{\frown}{乙丙}$

11 $r\sin a + r\sin b : r\sin a - r\sin b = r\sin A + r\sin B : r\sin A - r\sin B$

$= r\tan\dfrac{a+b}{2} : r\tan\dfrac{a-b}{2}$

12 두 호의 정현화 : 두 호의 정현교 = 반화각정절 : 반교각정절

$r\sin a + r\sin b : r\sin a - r\sin b = r\tan\dfrac{A+B}{2} : r\tan\dfrac{A-B}{2}$

③ 또 두 호의 정현화의 반과 반화호정현의 비는 반교호여현과 반지름의 비와 같다.[1]

且丙弧正弦和之半與半和弧正弦較之比 同於 半較弧餘弦與半徑之比也

그림에서 갑을(甲乙)은 큰 호이고 갑정(甲丁)은 그 정현이고, 을병(乙丙)은 작은 호이고 병무(丙戊)는 그 정현이다.[2]
갑병(甲丙)은 화호이고 을기(乙己)는 교호이다.[3]

큰 호 갑을(甲乙)에서 작은 호 을병(乙丙)과 같은 갑기(甲己)를 뺀다.[4]

화호통현을 경(庚)에서 반으로 자르면 병경(丙庚)을 얻어 반화호정현이 된다.[5]

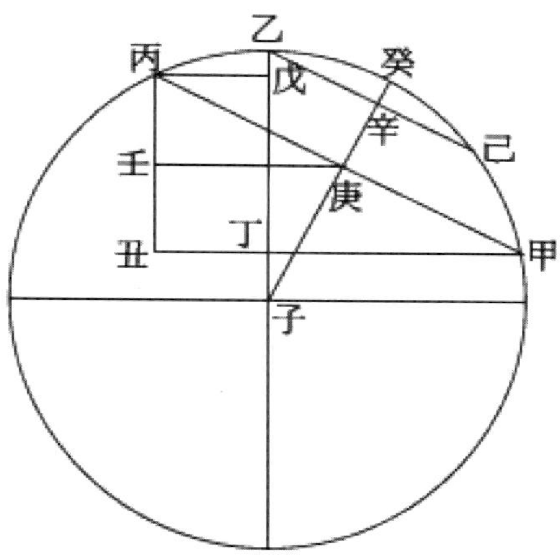

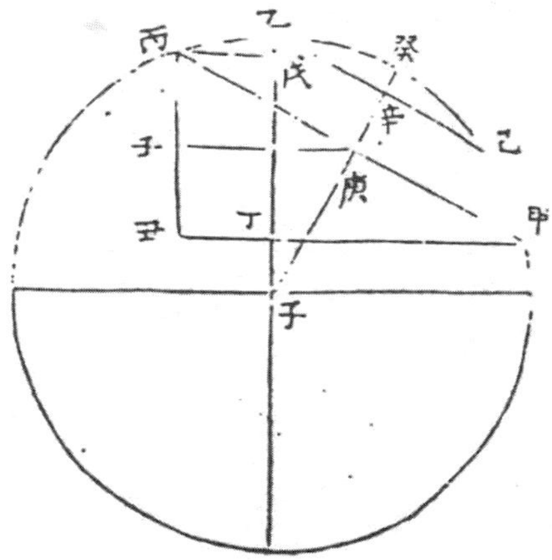

교호통현을 신(辛)에서 반으로 자르면 을신(乙辛)을 얻어 반교호정현이 된다.[6]
그리고 신자(辛子)는 반교호여현이고 갑축(甲丑)은 두 호의 정현화이다.[7]

평행하게 경임(庚壬)선을 그리면 두 호의 정현화의 반이 된다.[8]

병경(丙庚)은 갑병(甲丙)의 반이므로 경임(庚壬)은 반드시 갑축(甲丑)의 반이 된다.

직각삼각형 을신자(乙辛子)와 직각삼각형 병경임(丙庚壬)은 닮은꼴이다.[9]

두 직각삼각형은 각각 하나의 직각을 갖고, 선분 을자(乙子)와 선분 병임(丙壬)이 평행하고, 선분 을신(乙辛)과 선분 병경(丙庚)이 평행하므로 각 을(乙)과 각 병(丙)은 반드시 같다.

두 각이 이미 같으므로 그 남은 하나의 각도 반드시 같아서 닮은꼴이 된다.

따라서 높이 경임(庚壬)[두 정현화의 반]과 빗변 병경(丙庚)[반화호정현]의 비는 높이 신자(辛子)[반교호여현]와 빗변 을자(乙子)[반지름]의 비와 같다.⑩

그래서 반지름과 두 호의 정현화의 반 및 반화호정현과 반교호여현은 변형된 비례4률이다.

如圖甲乙爲大弧 甲丁爲其正弦 乙丙爲小弧 丙戊爲其正弦

甲丙爲和弧 乙己爲較弧

甲乙大弧内減與乙丙小弧相等之甲己

將和弧通弦折半于庚 得丙庚爲半和弧正弦

較弧通弦折半于辛 得乙辛爲半較弧正弦

而辛子爲半較弧餘弦 甲丑爲兩弧正弦和

平行作庚壬線 爲兩弧正弦和之半

丙庚爲甲丙之半 則庚壬必爲甲丑之半

乙辛子勾股形與丙庚壬勾股形爲同式形

兩勾股形各有一直角 而乙子線與丙壬線平行 乙辛線與丙庚線平行

則乙角與丙角必等 二角旣等 則餘一角必等 而爲同式形

故庚壬[兩弧正弦和之半]股與丙庚[半和弧正弦]弦之比 同於 辛子[半較弧餘弦]股與乙子[半徑]弦之比

而半徑與兩弧正弦和之半 及 半和弧正弦與半較弧餘弦 爲轉比例四率也

☞ **역자 주**: 위의 풀이에 표시한 각 계산 과정을 현재의 기호로 나타내면 다음과 같다.

① $\frac{\text{두 호의 정현화}}{2}$: 반화호정현 = 반교호여현 : 반지름

$$\frac{r\sin a + r\sin b}{2} : r\sin\frac{a+b}{2} = r\cos\frac{a-b}{2} : r$$

② $r\sin\overparen{\text{甲乙}} = \overline{\text{甲丁}}$

$r\sin\overparen{\text{乙丙}} = \overline{\text{戊丙}}$

③ $\overparen{\text{甲丙}} = \overparen{\text{甲乙}} + \overparen{\text{乙丙}}$

$\overparen{\text{乙己}} = \overparen{\text{甲乙}} - \overparen{\text{乙丙}}$

④ $\overparen{\text{甲乙}} - \overparen{\text{乙丙}} = \overparen{\text{甲乙}} - \overparen{\text{甲己}} = \overparen{\text{乙己}}$

5 $\overline{\text{丙庚}} = \dfrac{\overline{\text{甲丙}}}{2} = r\sin\dfrac{\overset{\frown}{\text{甲乙}} + \overset{\frown}{\text{乙丙}}}{2}$

6 $\overline{\text{乙辛}} = \dfrac{\overline{\text{乙己}}}{2} = r\sin\dfrac{\overset{\frown}{\text{甲乙}} - \overset{\frown}{\text{乙丙}}}{2}$

7 $\overline{\text{辛子}} = r\cos\dfrac{\overset{\frown}{\text{甲乙}} - \overset{\frown}{\text{乙丙}}}{2}$

$\overline{\text{甲丑}} = r\sin\overset{\frown}{\text{甲乙}} + r\sin\overset{\frown}{\text{乙丙}}$

8 $\overline{\text{庚壬}} = \dfrac{\overline{\text{甲丑}}}{2} = \dfrac{r\sin\overset{\frown}{\text{甲乙}} + r\sin\overset{\frown}{\text{乙丙}}}{2}$

9 $\triangle\text{乙辛子} \backsim \triangle\text{丙庚壬}$

10 $\overline{\text{庚壬}} : \overline{\text{丙庚}} = \overline{\text{辛子}} : \overline{\text{乙子}}$

$\dfrac{\text{두 호의 정현화}}{2}$: 반화호정현 = 반교호여현 : 반지름

$\dfrac{r\sin\overset{\frown}{\text{甲乙}} + r\sin\overset{\frown}{\text{乙丙}}}{2} : r\sin\dfrac{\overset{\frown}{\text{甲乙}} + \overset{\frown}{\text{乙丙}}}{2} = r\cos\dfrac{\overset{\frown}{\text{甲乙}} - \overset{\frown}{\text{乙丙}}}{2} : r$

④ 두 호의 정현교의 반과 반교호정현의 비는 반화호여현과 반지름의 비와 같다.[1]

兩弧正弦較之半與半較弧正弦之比 同於 半和弧餘弦與半徑之比

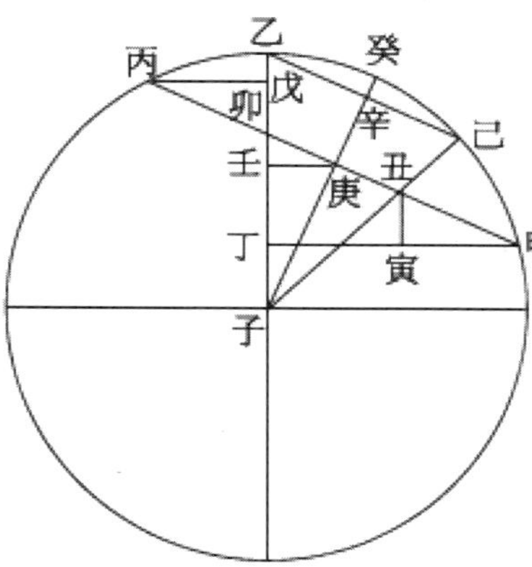

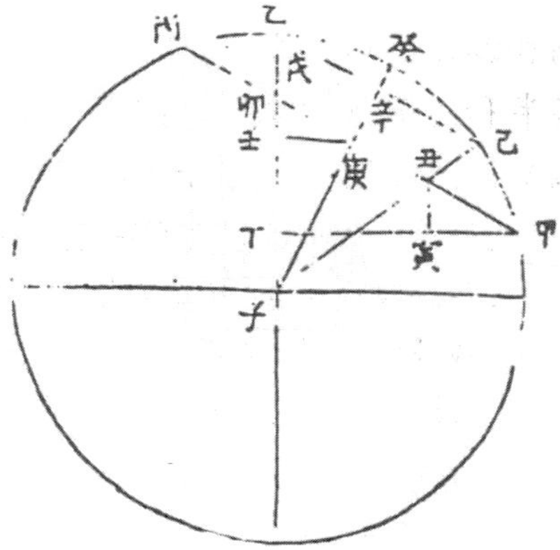

그림에서 갑을(甲乙)은 큰 호이고 갑정(甲丁)은 그 정현이고, 을병(乙丙)은 작은 호이고 병무(丙戊)는 그 정현이다.[2]

갑병(甲丙)은 화호이고 을기(乙己)는 교호이다.[3]

병경(丙庚)은 반화호정현이고 경자(庚子)는 반화호여현이다.[4]

을신(乙辛)은 반교호정현이고 인정(寅丁)은 두 호의 정현교가 된다.[5]

반지름 기자(己子)가 화호통현을 자르면 자축(子丑)이 되고, 그 갑축(甲丑)은 반드시 병묘(丙卯)와 같다.

또 수선 축인(丑寅)을 그리면 갑인(甲寅)은 반드시 병무(丙戊)와 같다.

그것에서 갑정(甲丁)에서 빼고 남은 인정(寅丁)은 두 호의 정현교가 된다.[6]

평행하게 선분 경임(庚壬)을 그리면 두 호의 정현교의 반이 된다.[7]

경묘(庚卯)는 묘축(卯丑)의 반이므로 경임(庚壬)은 반드시 인정(寅丁)의 반이다.

직각삼각형 을신자(乙辛子)와 직각삼각형 경임자(庚壬子)는 닮은꼴이 된다.[8]

두 직각삼각형은 각각 하나의 직각을 갖고, 각 자(子)를 공통으로 가지므로 그 남은 하나의 각도 반드시 같아서 닮은꼴이 된다.

따라서 밑변 경임(庚壬)〔두 호의정현교의 반〕과 밑변 을신(乙辛)〔반교호정현〕의 비는 빗변 경자(庚子)〔반화호여현〕와 빗변 을자(乙子)〔반지름〕의 비와 같다.[9]

그리고 반지름과 두 호의정현교의 반과 반교호정현과 반화호여현은 변형된 비례4률이다.

如圖 甲乙爲大弧 甲丁爲其正弦 乙丙爲小弧 丙戊爲其正弦

甲丙爲和弧乙己爲較弧

丙庚爲半和弧正弦 而庚子爲半和弧餘弦

乙辛爲半較弧正弦 寅丁爲兩弧正弦較

己子半徑截和弧通弦子丑 其甲丑必與丙卯等

又作丑寅垂線 則甲寅必與丙戊等

以減於甲丁 餘寅丁爲兩弧正弦較

平行作庚壬線 爲兩弧正弦較之半

庚卯爲卯丑之半 則庚壬必爲寅丁之半

乙辛子勾股形與庚壬子勾股形爲同式形

兩勾股形各有一直角 而又共用一子角 則其餘一角必等 而爲同式形
故庚壬〔兩弧正弦較之半〕勾與乙辛〔半較弧正弦〕勾之比 同於 庚子〔半和弧餘弦〕弦與乙子〔半徑〕弦之比
而半徑與兩弧正弦較之半 及 半較弧正弦與半和弧餘弦 爲轉比例四率也

☞ **역자 주:** 위의 풀이에 표시한 각 계산 과정을 현재의 기호로 나타내면 다음과 같다.

1 $\frac{\text{두 호의 정현교}}{2}$: 반교호정현 = 반화호여현 : 반지름

$$\frac{r\sin a - r\sin b}{2} : r\sin\frac{a-b}{2} = r\cos\frac{a+b}{2} : r$$

2 $r\sin\overset{\frown}{\text{甲乙}} = \overline{\text{甲丁}}$

$r\sin\overset{\frown}{\text{乙丙}} = \overline{\text{戊丙}}$

3 $\overset{\frown}{\text{甲丙}} = \overset{\frown}{\text{甲乙}} + \overset{\frown}{\text{乙丙}}$

$\overset{\frown}{\text{乙己}} = \overset{\frown}{\text{甲乙}} - \overset{\frown}{\text{乙丙}}$

4 $\overline{\text{丙庚}} = \frac{\overline{\text{甲丙}}}{2} = r\sin\frac{\overset{\frown}{\text{甲乙}} + \overset{\frown}{\text{乙丙}}}{2}$

$\overline{\text{庚子}} = r\cos\frac{\overset{\frown}{\text{甲乙}} + \overset{\frown}{\text{乙丙}}}{2}$

5 $\overline{\text{乙辛}} = \frac{\overline{\text{乙己}}}{2} = r\sin\frac{\overset{\frown}{\text{甲乙}} - \overset{\frown}{\text{乙丙}}}{2}$

$\overline{\text{寅丁}} = r\sin\overset{\frown}{\text{甲乙}} - r\sin\overset{\frown}{\text{乙丙}}$

6 $\overline{\text{甲丑}} = \overline{\text{丙卯}}$

$\overline{\text{甲寅}} = \overline{\text{丙戊}}$

$\overline{\text{寅丁}} = \overline{\text{甲丁}} - \overline{\text{甲寅}} = r\sin\overset{\frown}{\text{甲乙}} - r\sin\overset{\frown}{\text{乙丙}}$

7 $\overline{\text{庚壬}} = \frac{\overline{\text{寅丁}}}{2} = \frac{r\sin\overset{\frown}{\text{甲乙}} - r\sin\overset{\frown}{\text{乙丙}}}{2}$

8 △乙辛子∽△庚壬子

9 $\overline{\text{庚壬}} : \overline{\text{乙辛}} = \overline{\text{庚子}} : \overline{\text{乙子}}$

$$\frac{\text{두 호의 정현교}}{2} : \text{반교호정현} = \text{반화호여현} : \text{반지름}$$

$$\frac{r\sin\widehat{\text{甲乙}} - r\sin\widehat{\text{乙丙}}}{2} : r\sin\frac{\widehat{\text{甲乙}} - \widehat{\text{乙丙}}}{2} = r\cos\frac{\widehat{\text{甲乙}} + \widehat{\text{乙丙}}}{2} : r$$

⑤ 따라서 반화호여현과 반교호여현의 비는 반외각정절과 반화각정절의 비와 같다.[1]
故半和弧餘弦與半較弧餘弦之比 同於 半外角正切與半和角正切之比也

전비례의 이치로 논의하면, 반지름과 두 호의 정현화의 반을 곱한 것은 반화호정현과 반교호여현을 곱한 것과 같다.[2]
반지름과 두 호의 정현교의 반을 곱한 것은 반교호정현과 반화호여현을 곱한 것과 같다.[3]
각각 반지름을 곱한 것으로 살펴보면, 두 호의정현화와 정현교의 비는 반화호정현과 반교호여현을 곱한 것과 반교호정현과 반화호여현을 곱한 것의 비와 같다.[4]

전체와 전체의 비는 반과 반의 비와 같다.

따라서 정현화와 정현교 사이의 비는 곧 정현화의 반과 정현교의 반사이의 비와 같다.

즉 반화각정절과 반교각정절의 비는 반화호정현과 반교호여현 곱한 수와 반교호정현과 반화호여현을 곱한 수의 비와 같다.[5]

반화각정절과 반교각정절의 비는 원래 정현화와 정현교의 비와 같다.

또 반교각정절과 반외각정절의 비는 반교호정현과 반화호여현을 곱한 수와 반화호정현과 반화호여현을 곱한 수의 비와 같다.[6]

반교각정절과 반외각정절의 비는 원래 반교호정현과 반화호정현의 비와 같다.

각각에 반화호여현을 곱하면 그 비례는 계속 같다.

그러면 반화각정절과 반외각정절의 비는 반드시 반화호정현과 반교호여현을 곱한 수와 반화호정현과 반화호여현을 곱한 수의 비와 같다.
각각에 반화호정현으로 곱해진 것을 살펴보면, 다시 반교호여현과 반화호여현의 비와 같다.[7]
以轉比例之理論之
以半徑乘兩弧正弦和之半 與半和弧正弦半較弧餘弦相乘數 等

以半徑乘兩弧正弦較之半 與半較弧正弦半和弧餘弦相乘數 等
各省以半徑乘之者 則兩弧正弦和與正弦較之比 同於 半和弧正弦半較弧餘弦相乘數與半較弧正弦半和弧餘弦相乘數之比

全與全之比 同於 半與半之比

故正弦和與正弦較之相比 卽同於 正弦和之半與正弦較之半之相比

卽半和角正切與半較角正切之比 同於 半和弧正弦半較弧餘弦相乘數與半較弧正弦半和弧餘弦相乘數之比

半和角正切與半較角正切之比 原同於 正弦和與正弦較之比也

且半較角正切與半外角正切之比 同於 半較弧正弦半和弧餘弦相乘數與半和弧正弦半和弧餘弦相乘數之比

半較角正切與半外角正切之比 原同於 半較弧正弦與半和弧正弦之比

各以半和弧餘弦乘之 其比例仍同

然則 半和角正切與半外角正切之比 必同於 半和弧正弦半較弧餘弦相乘數與半和弧正弦半和弧餘弦相乘數之比
各省以半和弧正弦乘之者 則便同於 半較弧餘弦與半和弧餘弦之比也

☞ **역자 주 :** 위의 풀이에 표시한 각 계산 과정을 현재의 기호로 나타내면 다음과 같다.

1 반화호여현 : 반교호여현 = 반외각정절 : 반화각정절

$$r\cos\frac{a+b}{2} : r\cos\frac{a-b}{2} = r\tan\frac{180°-C}{2}\left(=\cot\frac{C}{2}\right) : r\tan\frac{A+B}{2}$$

2 반지름 × $\frac{\text{두 호의 정현화}}{2}$ = 반화호정현 × 반교호여현, ③에서

3 반지름 × $\frac{\text{두 호의 정현교}}{2}$ = 반교호정현 × 반화호여현, ④에서

4 두 호의 정현화 : 두호의 정현교
= 반화호정현 × 반교호여현 : 반교호정현 × 반화호여현

5 반화각정절 : 반교각정절 = 반화호정현 × 반교호여현 : 반교호정현 × 반화호여현

6 반교각정절 : 반외각정절 = 반교호정현 × 반화호여현 : 반화호정현 × 반화호여현

7 반화각정절 : 반외각정절 = 반화호정현 × 반교호여현 : 반화호정현 × 반화호여현
= 반교호여현 : 반화호여현

⑥ 또 다른 해법을 말하면, 반화호정현과 반교호정현의 비는 반외각정절의 비와 반교각정절의 비와 같다.[1] 〔그림과 설명은 전의 풀이와 같다.〕
반화호여현과 반교호여현의 비는 반외각정절과 반화각정절의 비와 같다.[2]

又解曰半和弧正弦與半較弧正弦之比 同於半外角正切與半較角正切之比
〔圖設與前解同〕
半和弧餘弦與半較弧餘弦之比 同於半外角正切與半和角正切之比也

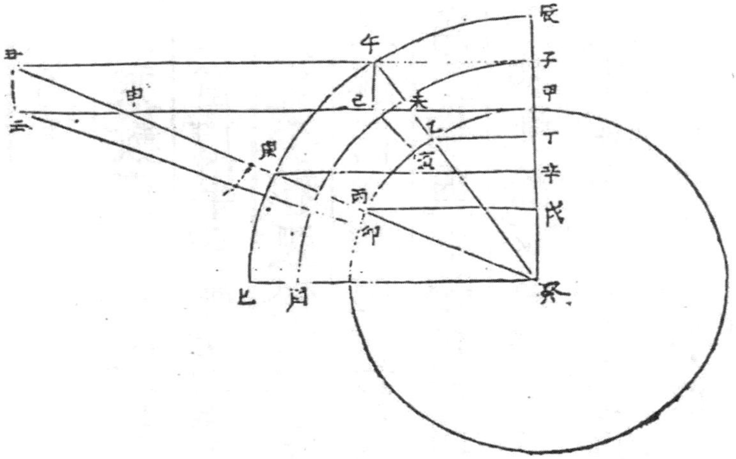

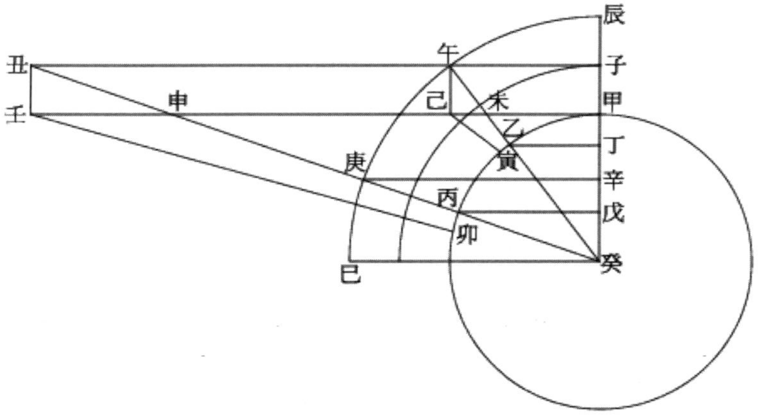

그림에서 갑을(甲乙)은 반교호이고 을정(乙丁)은 그 정현이고 정계(丁癸)는 그 여현이고, 갑미(甲未)는 그 정절이다.[3]

갑병(甲丙)은 반화호이고 병무(丙戊)는 그 정현이고, 무계(戊癸)는 그 여현이고, 갑신(甲申)은 정절이다.[4]

갑인(甲寅)호는 반교각도이고 갑기(甲己)는 그 정절이고 경신(庚辛)은 반외각 정절이 된다.[5]

반교각정절과 반외각정절의 비는 원래 반교호정현과 반화호정현의 비와 같다.

진사(辰巳) 대권을 그려보면, 자오(子午)는 반교호정현이 되고 경신(庚辛)은 반화호정현이 된다.[6]

그 비례는 을정(乙丁)과 병무(丙戊)의 비와 같고, 반교각정절 자오(子午)와 갑기(甲己)는 같으므로 경신(庚辛)은 반드시 반외각정절이 된다.[7]

호 갑묘(甲卯)는 반화각도이고 갑임(甲壬)은 그 정절이다.[8]

이전의 풀이 중 변과 각의 비례법에 미루어 보면, 반교호정절과 반화호정절의 비는 원래 반교각정절과 반화각정절의 비와 같다.

자유(子酉)권을 그려보면, 자오(子午)는 반교호정절이 되고 자축(子丑)은 반화호정절이 된다.[9]

그 비례는 갑미(甲未)와 갑신(甲申)의 비와 같고, 반교각정절 자오(子午)와 갑기(甲己)는 같으므로 자축(子丑)은 반드시 반화각정절이 되어 갑임(甲壬)과 자축(子丑)은 같다.[10]

무계(戊癸)〔반화호여현〕와 정계(丁癸)〔반교호여현〕의 비는 신경(辛庚)〔반외각정절〕과 갑임(甲壬)〔반화각정절〕의 비와 같다.[11]

직각삼각형 축자계(丑子癸)와 직각삼각형 경신계(庚辛癸)는 닮은꼴이 된다.[12]

따라서 신계(辛癸)와 자계(子癸)의 비는 신경(辛庚)와 자축(子丑)의 비와 같고, 진사(辰巳)권 위에서 신계(辛癸)는 반화호여현이 되고 자계(子癸)는 반교호여현이 되고, 그 비례는 무계(戊癸)와 정계(丁癸)의 비와 같다.[13]

그러면 무계(戊癸)와 정계(丁癸)의 비는 이에 경신(庚辛)과 자축(子丑)의 비와 같고, 자축(子丑)은 곧 갑임(甲壬)이다.[14]

如圖 甲乙爲半較弧 乙丁爲其正弦 丁癸爲其餘弦 甲未爲其正切
甲丙爲半和弧 丙戊爲其正弦 戊癸爲其餘弦 甲申爲其正切
甲寅弧爲半較角度 甲己爲其正切 庚辛爲半外角正切

半較角正切與半外角正切之比 原同於 半較弧正弦與半和弧正弦之比矣
試作辰己大圈 則子午爲半較弧正弦 庚辛爲半和弧正弦
其比例同於乙丁與丙戊之比 而子午與甲己半較角正切等
則庚辛必爲半外角正切

甲卯弧爲半和角度 甲壬爲其正切

以前解中邊角比例法推之
則半較弧正切與半和弧正切之比 原同於半較角正切與半和角正切之比矣
試作子酉圈 則子午爲半較弧正切 子丑爲半和弧正切
其比例同於甲未與甲申之比
而子午與甲己半較角正切等 則子丑必爲半和角正切 而甲壬與子丑等也

戊癸〔半和弧餘弦〕與丁癸〔半較弧餘弦〕之比 同於 辛庚〔半外角正切〕與甲壬〔半和角正切〕之比也

丑子癸勾股形與庚辛癸勾股形爲同式形
故辛癸與子癸之比 同於辛庚與子丑之比
而在辰己圈上 辛癸爲半和弧餘弦 子癸爲半較弧餘弦
其(比)例同於戊癸與丁癸之比
然則 戊癸與丁癸之比 仍同於庚辛與子丑之比 而子丑卽甲壬也

☞ **역자 주 :** 위의 풀이에 표시한 각 계산 과정을 현재의 기호로 나타내면 다음과 같다.

1 $r\sin\dfrac{a+b}{2} : r\sin\dfrac{a-b}{2} = r\tan\dfrac{180^\circ - C}{2} : r\tan\dfrac{A-B}{2}$,

2 $r\cos\dfrac{a+b}{2} : r\cos\dfrac{a-b}{2} = r\tan\dfrac{180^\circ - C}{2} : r\tan\dfrac{A+B}{2}$

3 $\overset{\frown}{\text{甲乙}}$ = 반교호,
$\overline{\text{乙丁}} = r\sin\overset{\frown}{\text{甲乙}}$, $\overline{\text{丁癸}} = r\cos\overset{\frown}{\text{甲乙}}$, $\overline{\text{甲未}} = r\tan\overset{\frown}{\text{甲乙}}$

4 $\overset{\frown}{\text{甲丙}}$ = 반화호
$\overline{\text{丙戊}} = r\sin\overset{\frown}{\text{甲丙}}$, $\overline{\text{戊癸}} = r\cos\overset{\frown}{\text{甲丙}}$, $\overline{\text{甲申}} = r\tan\overset{\frown}{\text{甲丙}}$

5 $\overset{\frown}{\text{甲寅}}$ = 반교각도
$\overline{\text{甲己}} = r\tan\overset{\frown}{\text{甲寅}}$

6 $\overline{\text{子午}} = \overline{\text{辰癸}}\sin\overset{\frown}{\text{甲乙}}$, $\overline{\text{庚辛}} = \overline{\text{辰癸}}\sin\overset{\frown}{\text{甲丙}}$

[7] $\overline{\text{子午}}:\overline{\text{庚辛}}=\overline{\text{乙丁}}$(반교호정현) : $\overline{\text{丙戊}}$(반화호정현),
$\overline{\text{子午}}=\overline{\text{甲己}}$(반교각정절)
∴ $\overline{\text{庚辛}}$ = 반외각정절

[8] $\overset{\frown}{\text{甲卯}}$ = 반화각도, $\overline{\text{甲壬}}=r\tan\overset{\frown}{\text{甲卯}}$

[9] $\overline{\text{子午}}=\overline{\text{子癸}}\tan\overset{\frown}{\text{甲乙}}$, $\overline{\text{子丑}}=\overline{\text{子癸}}\tan\overset{\frown}{\text{甲丙}}$

[10] $\overline{\text{子午}}:\overline{\text{子丑}}=\overline{\text{甲未}}$(반교호정절) : $\overline{\text{甲申}}$(반화호정절),
$\overline{\text{子午}}=\overline{\text{甲己}}$(반교각정절)
∴ $\overline{\text{子丑}}$ = 반외각정절

[11] 戊癸 : 丁癸 = 辛庚 : 甲壬

[12] △丑子癸∽△庚辛癸

[13] 辛癸 : 子癸 = 辛庚 : 子丑,
$\overline{\text{辛癸}}=\overline{\text{辰癸}}\cos\overset{\frown}{\text{甲丙}}$, $\overline{\text{子癸}}=\overline{\text{辰癸}}\cos\overset{\frown}{\text{甲乙}}$,
辛癸 : 子癸 = 戊癸 : 丁癸

[14] 戊癸 : 丁癸 = 辛庚 : 子丑, 子丑 = 甲壬

(2) 구면 삼각형에서 두 각에 낀 한 변이 있을 때 또 두 변을 구하는 법
斜弧三角形 有兩角夾一邊 求又二邊法

두 각을 합해서 반으로 나누면 반화각이 되고, 빼서 반으로 나누면 반교각이 되고, 낀 변을 반으로 나누면 반변호(半邊弧)가 된다.[1]
이에 반화각정현을 일률로 하고 반교각정현을 이율로 하고 반변호정절을 삼률로 해서 사율을 구하면 반교호정절이다.[2]
또 반화각여현을 일률로 하고 반교각여현을 이율로 하고 반변호정절을 삼률로 해서 사율을 구하면 반화호정절이다.[3]
표를 조사해서 반교호와 반화호를 얻어 서로 합하면 큰 변이 되고 빼면 작은 변이 된다.[4]
해법을 말하면, 차형(次形)을 써서 각을 바꾸어 변이 되게 하고, 변을

바꾸어 각이 되게 하면, 전의 문제 해법과 같다.
以兩角相併折半爲半和角 相減折半爲半較角 以夾邊折半爲半邊弧
乃以半和角正弦爲一率 半較角正弦爲二率 半邊弧正切爲三率 求得四率爲半較弧正切
又以半和角餘弦爲一率 半較角餘弦爲二率 半邊弧正切爲三率 求得四率爲半和弧正切
査表 得半較弧及半和弧 相併爲大邊 相減爲小邊
解曰 用次形法 將角易爲邊 邊易爲角 則同前題解

☞ **역자 주 :** 위에서 표시한 각 과정을 현재의 기호로 나타내면 다음과 같다.

1 $\dfrac{A+B}{2}$: 반화각, $\dfrac{A-B}{2}$: 반교각, $\dfrac{c}{2}$: 반변호

2 $r\sin\dfrac{A+B}{2} : r\sin\dfrac{A-B}{2} = r\tan\dfrac{c}{2} : r\tan\dfrac{a-b}{2}$

3 $r\cos\dfrac{A+B}{2} : r\cos\dfrac{A-B}{2} = r\tan\dfrac{c}{2} : r\tan\dfrac{a+b}{2}$

4 $\dfrac{a+b}{2}+\dfrac{a-b}{2}=a,\quad \dfrac{a+b}{2}-\dfrac{a-b}{2}=b$

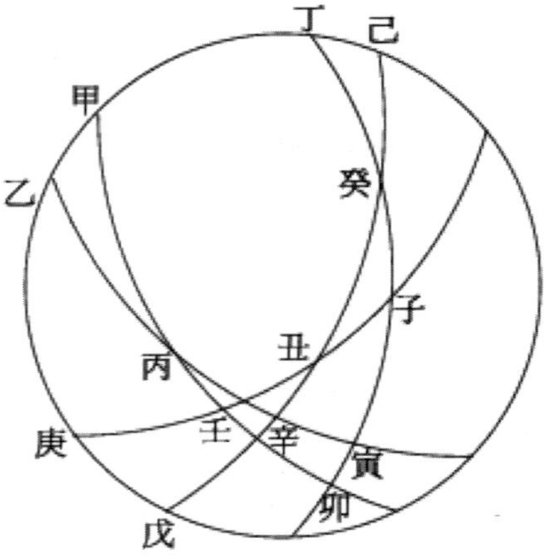

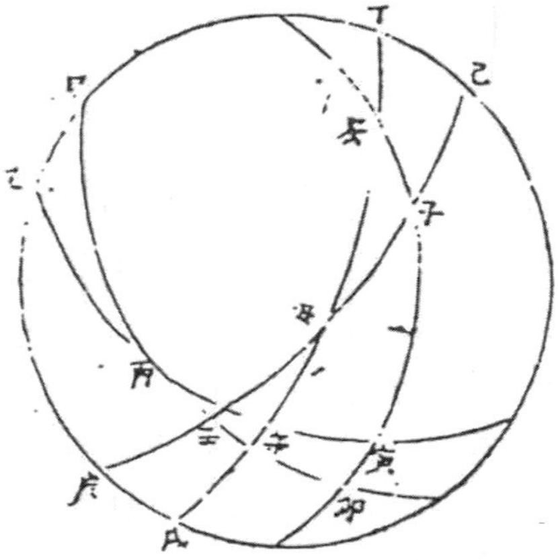

그림에서 구면 삼각형 갑을병(甲乙丙)을 바꾸어 계자축(癸子丑) 차형으로 되게 하면 본래 삼각형의 각 갑(甲)은 곧 차형의 변 자축(子丑)이 된다.[1]

갑(甲)각도는 즉 호 경임(庚壬)이다.

호 경축(庚丑)과 호 임자(壬子)는 모두 상한이 되고 각각 선분 임축(壬丑)을 빼면 호 경임(庚壬)과 호 자축(子丑)은 반드시 같다.[2]

본래 삼각형의 각 병(丙)은 곧 차형의 변 계자(癸子)이다.[3]

병(丙)각도는 곧 호 인묘(寅卯)이다.

호 묘자(卯子)와 호 인계(寅癸)는 모두 상한이 된다.

각각 호 인자(寅子)를 빼면 호 인묘(寅卯)와 호 계자(癸子)는 반드시 같다.[4]

본래 삼각형의 을(乙)외각은 곧 차형의 변 계축(癸丑)이다.[5]

을(乙)외각도는 곧 호 신무(辛戊)이다.

호 무축(戊丑)와 호 신계(辛癸)는 모두 상한이 된다.

각각 호 신축(辛丑)을 빼면 호 신무(辛戊)와 호 계축(癸丑)은 반드시 같다.[6]

본래 삼각형의 변 갑병(甲丙)은 곧 차형의 자(子)외각이다.[7]

호 갑임(甲壬)와 호 묘병(卯丙)은 모두 상한이 된다.

각각 호 임병(壬丙)을 빼면 호 갑병(甲丙)과 호 임묘(壬卯)는 반드시 같다.

호 인묘(壬卯)는 곧 차형의 자(子)외각도이다.[8]

본래 삼각형의 변 을병(乙丙)은 곧 차형의 각 계(癸)이다.[9]

호 을신(乙辛)과 호 병인(丙寅)은 모두 상한이다.

각각 호 병신(丙辛)을 빼면 호 을병(乙丙)과 호 신인(辛寅)은 반드시 같다.

호 신인(辛寅)은 곧 차형의 계(癸)각도이다.[10]

본래 삼각형의 변 갑을(甲乙)은 곧 차형의 각 축(丑)이다.[11]

호 을정(乙丁)과 호 갑기(甲己)는 모두 상한이다.

각각 호 갑정(甲丁)을 빼면 호 갑을(甲乙)과 호 정기(丁己)는 반드시 같다.

호 정기(丁己)는 곧 차형의 축(丑)각도이다.[12]

이제 본래 삼각형의 각 갑(甲)과 각 병(丙)과 변 갑병(甲丙)이 있을 때 두 변 갑을(甲乙)과 을병(乙丙)을 구하는 것은 차형의 두 변 자축(子丑)과 계자(癸子)와 자(子)외각이 있을 때 각 축(丑)과 각 계(癸)를 구하는

것과 같다.[13]

如圖 甲乙丙弧三角形易爲癸子丑次形

則本形之甲角 卽次形之子丑邊

甲角度 卽庚壬弧也

庚丑弧壬子弧俱爲象限 各減壬丑弧 則庚壬弧與子丑弧必等

本形之丙角 卽次形之癸子邊

丙角度 卽寅卯弧也

卯子弧寅癸弧俱爲象限

各減寅子弧 則寅卯弧與癸子弧必等

本形之乙外角 卽次形之癸丑邊

乙外角度 卽辛戊弧也 戊丑弧辛癸弧俱爲象限

各減辛丑弧 則辛戊弧與癸丑弧必等

本形之甲丙邊 卽次形之子外角

甲壬弧卯丙弧俱爲象限

各減壬丙弧 則甲丙弧與壬卯弧必等

壬卯弧 卽次形之子外角度

本形之乙丙邊 卽次形之癸角

乙辛弧丙寅弧俱爲象限

各減丙辛弧 則乙丙弧與辛寅弧必等

辛寅弧 卽次形之癸角度

本形之甲乙丙邊 卽次形之丑角

乙丁弧甲己弧俱爲象限

各減甲丁弧 則甲乙弧與丁己弧必等

丁己弧 卽次形之丑角度

今有本形之甲角丙角及甲丙邊 求甲乙乙丙兩邊 猶 有次形之子丑癸子兩邊及子外角 求丑角癸角也

☞ **역자 주 :** 위의 풀이에 표시한 각 계산 과정을 현재의 기호로 나타내면 다음과 같다.

[1] $\angle$甲$\Rightarrow$子丑

[2] $\angle$甲 $=$ $\overset{\frown}{\text{庚壬}}$,

$\overset{\frown}{\text{庚丑}} = \overset{\frown}{\text{壬子}} =$ 상한$(= 90^\circ)$,

$\overset{\frown}{\text{庚丑}} - \overset{\frown}{\text{壬丑}} = \overset{\frown}{\text{壬子}} - \overset{\frown}{\text{壬丑}}$, $\quad \therefore \overset{\frown}{\text{庚壬}} = \overset{\frown}{\text{子丑}}$

3 ∠丙⇒癸子

4 ∠丙 = $\overset{\frown}{\text{寅卯}}$,
$\overset{\frown}{\text{卯子}} = \overset{\frown}{\text{寅癸}} =$ 상한(=90°),
$\overset{\frown}{\text{卯子}} - \overset{\frown}{\text{寅子}} = \overset{\frown}{\text{寅癸}} - \overset{\frown}{\text{寅子}}$, ∴ $\overset{\frown}{\text{寅卯}} = \overset{\frown}{\text{癸子}}$

5 180° − ∠乙 ⇒癸丑

6 180° − ∠乙 = 辛戊,
$\overset{\frown}{\text{戊丑}} = \overset{\frown}{\text{辛癸}} =$ 상한(=90°),
$\overset{\frown}{\text{戊丑}} - \overset{\frown}{\text{辛丑}} = \overset{\frown}{\text{辛癸}} - \overset{\frown}{\text{辛丑}}$, ∴ $\overset{\frown}{\text{辛戊}} = \overset{\frown}{\text{癸丑}}$

7 甲丙 ⇒180° − ∠子

8 $\overset{\frown}{\text{甲壬}} = \overset{\frown}{\text{卯丙}} =$ 상한(=90°)
$\overset{\frown}{\text{甲壬}} - \overset{\frown}{\text{壬丙}} = \overset{\frown}{\text{卯丙}} - \overset{\frown}{\text{壬丙}}$, ∴ $\overset{\frown}{\text{甲丙}} = \overset{\frown}{\text{壬卯}}$
$\overset{\frown}{\text{壬卯}}$ = 180° − ∠子

9 乙丙 ⇒180° − ∠癸

10 $\overset{\frown}{\text{乙辛}} = \overset{\frown}{\text{丙寅}} =$ 상한(=90°)
$\overset{\frown}{\text{乙辛}} - \overset{\frown}{\text{丙辛}} = \overset{\frown}{\text{丙寅}} - \overset{\frown}{\text{丙辛}}$, ∴ $\overset{\frown}{\text{乙丙}} = \overset{\frown}{\text{辛寅}}$
$\overset{\frown}{\text{辛寅}}$ = 180° − ∠癸

11 甲乙 ⇒180° − ∠丑

12 $\overset{\frown}{\text{乙丁}} = \overset{\frown}{\text{甲己}} =$ 상한(=90°)
$\overset{\frown}{\text{乙丁}} - \overset{\frown}{\text{甲丁}} = \overset{\frown}{\text{甲己}} - \overset{\frown}{\text{甲丁}}$, ∴ $\overset{\frown}{\text{乙丙}} = \overset{\frown}{\text{辛寅}}$
$\overset{\frown}{\text{丁己}}$ = 180° − ∠丑

13 ∠甲, ∠丙, $\overset{\frown}{\text{甲丙}}$ 을 알 때 $\overset{\frown}{\text{甲乙}}$, $\overset{\frown}{\text{乙丙}}$ 구하기
⇔ $\overset{\frown}{\text{子丑}}$, $\overset{\frown}{\text{癸子}}$, 180° −∠子 를 알 때 ∠丑, ∠癸 구하기

산술관견

2006년 5월 10일 초판 인쇄
2006년 5월 20일 초판 발행

저　자 / 합주 이상혁 지수 보술 (陜州 李尙爀 志叟 甫述)
역　자 / 김상미 · 허　민
발행자 / 오판근
발행처 / 교우사

주　소 / 서울 동대문구 제기2동 148-19
전　화 / 925-2861, 929-4865
팩　스 / 925-2860
E-mail / kw2861 @ chollian. net
http: // www. kyowoo. co. kr
등록 / 1994. 3. 24 제6-0256호

ISBN 89-8172-602-7 (94410)
89-8172-590-X (세트)

값 **20,000**원

이 저서는 2002년 한국학술진흥재단의 지원에 의하여 연구되었음.
(KRF-2002-071-CS2001)